ZigBee 无线传感器网络设计与实现

王小强　欧阳骏　黄宁淋　编著　　　粟思科　审校

化学工业出版社

·北京·

本书面向立志于进行 ZigBee 无线传感器网络开发的初学者以及向无线网络开发转型的工程师，按照理论实践相结合的思想，介绍了 ZigBee 无线传感器网络开发中的基础理论，并给出了具体的实例。

本书针对 ZigBee 无线传感器网络开发过程中的重点、难点问题，既有基础知识的讲述，又有相关配套实验，使读者能容易、快速、全面地掌握无线网络的开发过程。本书从 ZigBee 无线传感器网络点对点通信讲起，逐步讲解了 ZigBee 协议栈的开发过程以及注意的问题，同时给出了部分开发经验和技巧供读者参考。

本书可供从事无线传感器网络开发与应用的人员学习使用，也可作为高等院校电子、通信、自动控制等专业的学习用书。

图书在版编目（CIP）数据

ZigBee 无线传感器网络设计与实现/王小强，欧阳骏，黄宁淋编著. —北京：化学工业出版社，2012.5 （2023.1重印）
ISBN 978-7-122-13746-3

Ⅰ. Z… Ⅱ. ①王… ②欧… ③黄… Ⅲ. 无线电通信-传感器-网络设计 Ⅳ. TP212

中国版本图书馆 CIP 数据核字（2012）第 039360 号

责任编辑：李军亮　　　　　　　　　　文字编辑：项 潋
责任校对：边　涛　　　　　　　　　　装帧设计：王晓宇

出版发行：化学工业出版社（北京市东城区青年湖南街 13 号　邮政编码 100011）
印　　装：三河市延风印装有限公司
710mm×1000mm　1/16　印张 14¼　字数 281 千字　2023 年 1 月北京第 1 版第 16 次印刷

购书咨询：010-64518888　　　　　　　售后服务：010-64518899
网　　址：http：// www.cip.com.cn
凡购买本书，如有缺损质量问题，本社销售中心负责调换。

定　　价：48.00 元　　　　　　　　　　　　　　　　版权所有　违者必究

前言

近年来，无线传感器网络得到了快速的发展，国内也有很多书籍介绍无线传感器网络相关知识。总体而言，主要涉及无线传感器网络的体系结构、路由算法、拓扑结构、QoS 等。这些知识主要是从理论上对无线传感器网络进行的讲解，可能有很多读者学习了上述理论仍然无法搭建一个无线传感器网络。因此，对于工程应用而言，可以先搭建一个无线传感器网络，并进行相关的数据传输、远程控制等实验，在实验过程中遇到问题时再查阅相关的理论知识，这样可以快速地掌握构建无线传感器网络的方法。

对大多数读者而言，在学习新知识的时候很难静下心来去阅读大篇幅概念性的叙述。至少笔者当初在学习的时候是这种心理，总以为那些描述是写给明白人看的，因此，本书的主线是：以 ZigBee 2007 协议为基础，结合智造者科技有限公司的 CC2530-EB ZigBee 多功能开发系统，向读者展示了构建一个符合 ZigBee 2007 协议的无线传感器网络的总体过程，带领读者从实践的角度去理解无线传感器网络构建和开发基础知识，突出重点，各个击破，争取从实践的角度去找到与理论的吻合点。

本书的特点

- 理论与实践相结合。本书以实例为基础，详细阐述了无线传感器网络构建和开发所需要的基础知识，同时恰当地摒弃了部分对于初学者而言暂时不用或者很少用到的知识点，目的在于尽量使学习重点突出。
- 模块化设计与系统设计相结合。

本书的编写原则

- 尽量展现细节，即使有些情况下显得有点啰嗦

书中有些地方可能看似很简单，显得有点啰嗦，但是为了给初学者展现出无线传感器网络构建的全貌，笔者选择了这种编写风格，因为笔者在曾经的学习过程中遇到很多问题，到论坛发帖求助，查资料，经过很长时间才解决，因此为了给读者提供一个完完整整的开发过程，宁可啰嗦一点，也不漏掉细节问题。

- 代码注重的是可读性，没有拘泥于效率和编程规范

本书代码力求通俗易懂，并没有考虑程序执行的效率和编程风格等。如果读者对基本的编程都没有大概了解的话，谈什么编程规范呢。因此，尽快掌握编程才是硬道理，其他问题后续解决。

- 尽量用朴实的语言去描述看似深奥的理论

笔者努力使本书作为一本无线传感器网络构建和开发的指导性用书，努力想展现出开发过程中的问题及其解决方法，尽量给读者提供一个参考，使读者少走弯路，因此，笔者选择用尽量通俗的语言来叙述，并不想用艰深晦涩难懂的语言来迷惑读者。

虽然无线传感器网络涉及电子、通信、计算机网络、射频等多学科的知识，但是，本书将给读者一个崭新的学习思路，从应用的角度去学习、理解进而掌握无线传感器网络的基本原理。

本书内容概述

- 第 1 章简要讲解了 ZigBee 协议的基础知识，同时给出了智造者科技有限公司的 CC2530-EB 开发板的硬件组成，这也是本书的硬件平台。关于具体硬件并没有给出过多的解释，这部分内容渗透在了后续章节实验部分。
- 第 2 章对 IAR 开发环境进行了讲解，摒弃了部分初学者暂时用不到的功能，突出重点。
- 第 3 章对 CC2530 开发板硬件资源进行了讲解。
- 第 4 章对 ZigBee 无线传感器网络中的数据传输进行了讲解。
- 第 5 章对 ZigBee 协议栈中的 OSAL 进行了讲解，同时给出了部分实验。
- 第 6 章对 ZigBee 无线传感器网络管理进行了讲解和阐述。
- 第 7 章对 ZigBee 无线传感器网络中，常用的项目开发经验和技巧进行了阐述。

本书只是 ZigBee 无线传感器网络入门级的读物，阅读完本书后，读者需要结合自己项目的要求，对相应的源代码进行修改，只有通过不断的练习，才能真正掌握 ZigBee 无线传感器网络开发的技术技巧。

适用对象

- ❏ 从事 ZigBee 无线传感器网络开发的相关技术人员
- ❏ 高等院校电子、通信、自动控制等专业学生

编者与致谢

本书主要由王小强、欧阳骏、黄宁淋编著，粟思科审校，参与本书编写的还有李岩、吴川、张凯之、张剑、王治国、钟晓林、王娟、胡静、杨龙、张成林、方明、王波、陈小军、雷晓、李军华、陈晓云、方鹏、龙帆、刘亚航。

配套服务——物联网俱乐部

我们为物联网读者和用户尽心服务，围绕 ZigBee 无线传感器网络技术、产品和项目市场，探讨物联网应用与发展，发掘热点与重点；开展物联网教学。物联网俱乐部 QQ：183090495，电子邮件 bojiakeji@tom.com，欢迎物联网爱好者和用户联系。

由于编者水平有限，书中难免有不当的地方，恳请广大读者批评指正。

编著者

目录

第❶章 ZigBee 简介 1
1.1 无线网络数据传输协议对比 1
1.2 短距离无线网络的分类 3
1.2.1 什么是 ZigBee 3
1.2.2 ZigBee 和 IEEE 802.15.4 的关系 3
1.2.3 ZigBee 的特点 5
1.3 ZigBee 2007 协议简介 6
1.4 ZigBee 无线网络通信信道分析 7
1.5 ZigBee 无线网络拓扑结构 8
1.6 ZigBee 技术的应用领域 9
1.7 CC2530 开发板硬件资源概述 9
1.8 本章小结 11

第❷章 IAR 集成开发环境及程序下载流程 12
2.1 IAR 集成开发环境简介 12
2.2 工程的编辑与修改 13
2.2.1 建立一个新工程 13
2.2.2 建立一个源文件 15
2.2.3 添加源文件到工程 16
2.2.4 工程设置 20
2.2.5 源文件的编译 24
2.3 仿真调试与下载 25
2.3.1 仿真调试器驱动的安装 26
2.3.2 程序仿真调试 27
2.4 本章小结 28
2.5 扩展阅读之模块化编程技巧 28

第❸章 CC2530 开发板硬件资源详解 30
3.1 核心板硬件资源 30
3.1.1 CC2530 简介 30
3.1.2 天线及巴伦匹配电路设计 31
3.1.3 晶振电路设计 31
3.2 底板硬件资源 32
3.2.1 电源电路设计 32

  3.2.2 LED 电路设计 ·················· 33
  3.2.3 AD 转换电路设计 ··············· 33
  3.2.4 串口电路设计 ·················· 33
 3.3 本章小结 ····························· 33
 3.4 扩展阅读之天线基本理论 ············· 33
  3.4.1 天线的一些基本参数 ············· 34
  3.4.2 常见的天线形式 ················ 35
  3.4.3 ZigBee 模块天线选型 ············ 35

第4章 ZigBee 无线传感器网络入门 —————— 36

 4.1 ZigBee 协议栈 ························ 36
  4.1.1 什么是 ZigBee 协议栈 ············ 37
  4.1.2 如何使用 ZigBee 协议栈 ·········· 37
  4.1.3 ZigBee 协议栈的安装、编译与下载 ··· 38
 4.2 ZigBee 协议栈基础实验：数据传输实验 ···· 40
  4.2.1 协调器编程 ···················· 40
  4.2.2 终端节点编程 ·················· 51
  4.2.3 实例测试 ······················ 57
 4.3 ZigBee 数据传输实验剖析 ·············· 58
  4.3.1 实验原理及流程图 ··············· 58
  4.3.2 数据发送 ······················ 59
  4.3.3 数据接收 ······················ 60
 4.4 ZigBee 数据包的捕获 ················· 61
  4.4.1 如何构建 ZigBee 协议分析仪 ······ 61
  4.4.2 ZigBee 数据包的结构 ············ 63
  4.4.3 ZigBee 网络数据传输流程分析 ····· 64
  4.4.4 数据收发实验回顾 ··············· 66
 4.5 本章小结 ···························· 66
 4.6 扩展阅读之 ZigBee 协议栈数据包格式 ···· 67

第5章 ZigBee 无线传感器网络提高 —————— 69

 5.1 深入理解 ZigBee 协议栈的构成 ·········· 69
 5.2 ZigBee 协议栈 OSAL 介绍 ············· 72
  5.2.1 OSAL 常用术语 ················ 73
  5.2.2 OSAL 运行机理 ················ 74
  5.2.3 OSAL 消息队列 ················ 80

  5.2.4 OSAL 添加新任务 …… 81
  5.2.5 OSAL 应用编程接口 …… 83
 5.3 ZigBee 协议栈中串口应用详解 …… 85
  5.3.1 串口收发基础实验 …… 86
  5.3.2 实例测试 …… 89
  5.3.3 串口工作原理剖析 …… 93
 5.4 ZigBee 协议栈串口应用扩展实验 …… 99
  5.4.1 实验原理及流程图 …… 99
  5.4.2 协调器编程 …… 100
  5.4.3 终端节点编程 …… 103
  5.4.4 实例测试 …… 107
 5.5 无线温度检测实验 …… 107
  5.5.1 实验原理及流程图 …… 108
  5.5.2 协调器编程 …… 109
  5.5.3 终端节点编程 …… 113
  5.5.4 实例测试 …… 119
 5.6 ZigBee 协议栈中的 NV 操作 …… 119
  5.6.1 NV 操作函数 …… 120
  5.6.2 NV 操作基础实验 …… 122
  5.6.3 实例测试 …… 125
 5.7 本章小结 …… 126
 5.8 扩展阅读之一：ZigBee 协议中规范（Profile）和簇（Cluester）的概念 …… 126
 5.9 扩展阅读之二：探究接收数据的存放位置 …… 129

第 6 章 ZigBee 无线传感器网络管理 …… 133

 6.1 ZigBee 网络中的设备地址 …… 133
 6.2 ZigBee 无线网络中的地址分配机制 …… 134
 6.3 单播、组播和广播 …… 137
 6.4 网络通信实验 …… 140
  6.4.1 广播和单播通信 …… 140
  6.4.2 组播通信 …… 148
 6.5 ZigBee 协议栈网络管理 …… 159
  6.5.1 网络管理基础实验 …… 159
  6.5.2 网络管理扩展实验 …… 166
  6.5.3 获得网络拓扑 …… 173

6.6 本章小结 ·· 173
6.7 扩展阅读之建立网络、加入网络流程分析 ····························· 174

第7章 ZigBee无线传感器网络综合实战 —— 180

7.1 ZigBee无线传感器网络获取网络拓扑实战 ··························· 180
    7.1.1 系统设计原理 ··· 180
    7.1.2 协调器编程 ··· 181
    7.1.3 终端节点和路由器编程 ································· 186
    7.1.4 实例测试 ·· 191
7.2 ZigBee无线传感器网络通用传输系统设计 ··························· 194
    7.2.1 系统设计原理 ··· 194
    7.2.2 软件编程概述 ··· 195
    7.2.3 协调器编程 ··· 196
    7.2.4 路由器和终端节点编程 ································· 198
7.3 ZigBee无线传感器网络远程数据采集系统设计 ··················· 199
    7.3.1 系统设计原理 ··· 199
    7.3.2 协调器编程 ··· 200
    7.3.3 终端节点和路由器编程 ································· 204
    7.3.4 实例测试 ·· 212
7.4 太阳能供电的ZigBee无线传感器网络节点设计 ··················· 213
    7.4.1 系统设计所面临的问题 ································· 213
    7.4.2 系统构架分析 ··· 213
7.5 本章小结 ·· 214
7.6 扩展阅读之天线基本理论 ·· 214

参考文献 ·· 217

ZigBee 简介

近年来，无线网络得到了快速的发展，在此过程中也出现了各种无线网络数据传输标准，诸如 WiFi™、Wireless USB、Bluetooth™、Wibree，不同的协议标准对应不同的应用领域，例如，WiFi™主要用于大量数据的传输，Wireless USB 主要用于视频数据的传输等。

现今，物联网技术得到了快速的发展，与此相关的一些技术如 RFID、无线传感器网络也得到了快速的发展。与此同时，各种无线传感器网络协议标准也日渐规范化，其中得到广泛应用和推广的一种协议就是 ZigBee 2007 协议，TI 公司已经推出了完全兼容该协议的 SoC 芯片 CC2530，同时也开发出了相关的软件协议栈 Z-Stack，开发者可以使用上述硬件和软件资源，搭建自己的无线传感器网络。

本章主要讨论了 ZigBee 的产生、发展过程，向读者展示了 ZigBee 的特点以及相关应用领域，帮助初学者快速入门。

1.1 无线网络数据传输协议对比

现在比较流行的无线网络数据传输协议有 WiFi™、Wireless USB、Bluetooth™、Cellular 等，不同的协议都有各自的应用领域，因此，选择网络协议时，要根据不同的应用来选择某一种特定的协议。

那么，ZigBee 协议与上述协议有什么关系？ZigBee 协议的优点在哪里？ZigBee 协议主要用在哪些应用领域？

各种无线数据传输协议对比图如图 1-1 所示。

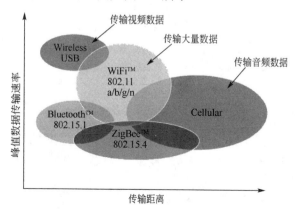

图 1-1　各种无线数据传输协议对比图

从图 1-1 中可以看到不同的无线数据传输协议在数据传输速率和传输距离有各自的使用范围。

ZigBee、蓝牙以及 IEEE 802.11b 标准都是工作在 2.4GHz 频段的无线通信标准，下面将 ZigBee 与蓝牙、IEEE 802.11b 标准进行简要的比较，帮助读者快速地了解 ZigBee 与现有的标准的优点。

- 蓝牙数据传输速率小于 3Mbps，典型数据传输距离为 2~10m，蓝牙技术的典型应用是在两部手机之间进行小量数据的传输。
- IEEE 802.11b 最高数据传输速率可达 11Mbps，典型数据传输距离在 30~100m，IEEE 802.11b 技术提供了一种 Internet 的无线接入技术，如很多笔记本电脑可以使用自带的 WiFi 功能实现上网。
- ZigBee 协议可以理解为一种短距离无线传感器网络与控制协议，主要用于传输控制信息，数据量相对来说比较小，特别适用于电池供电的系统。此外，相对于上述两种标准，ZigBee 协议更容易实现（或者说实现成本较低）。

ZigBee、蓝牙以及 IEEE 802.11b 标准对比情况如表 1-1、图 1-2 所示。

表 1-1　ZigBee、蓝牙以及 IEEE 802.11b 标准对比

项目	数据速率	数据传输距离/m	典型应用领域
ZigBee	20~250kbps	10~100	无线传感器网络
蓝牙	1~3Mbps	2~10	无线手持设备、无线鼠标
IEEE 802.11b	1~11Mbps	30~100	无线 Internet 接入

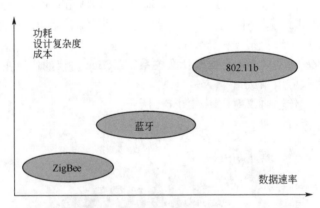

图 1-2　ZigBee、蓝牙以及 IEEE 802.11b 标准对比

因此，ZigBee 主要用在短距离无线控制系统，传输少量的控制信息。例如，在智能家居领域中，ZigBee 可以用来传输控制灯亮或灯灭的控制信息。

 ZigBee 数据速率较低，因此不适合传输大量数据的应用领域。

1.2 短距离无线网络的分类

短距离无线网络主要分为两类：
- 无线局域网（WLANs，Wireless Local Area Networks）；
- 无线个域网（WPANs，Wireless Personal Area Networks）。

无线局域网是有线局域网（LANs，Wired Local Area Networks）的扩展，一个无线局域网设备可以很容易地接入有线局域网。

无线个域网是为了在 POS（Personal Operating Space）范围内提供一种高效、节能的无线通信方法，其中 POS 是指以无线设备为中心半径 10m（33ft）内的球形区域。

按照数据传输速率的不同，无线个域网又分为三种：
- HR-WPANS——High-Rate WPLANS；
- MR-WPANS——Medium-Rate WPLANS；
- LR-WPANS——Low-Rate WPLANS。

上述三类无线个域网所对应的协议如表 1-2 所示。

表 1-2 无线个域网所对应的通信协议

WPANS	通信协议	WPANS	通信协议	WPANS	通信协议
HR-WPANS	802.15.3	MR-WPANS	BlueTooth	LR-WPANS	802.15.4

1.2.1 什么是 ZigBee

ZigBee 是一种标准，该标准定义了短距离、低数据传输速率无线通信所需要的一系列通信协议。基于 ZigBee 的无线网络所使用的工作频段为 868MHz、915MHz 和 2.4GHz，最大数据传输速率为 250kbps。

下面通过一个具体的例子向读者展示一下 ZigBee 的具体应用。在病人监控系统中，病人的血压可以通过特定的传感器检测，因此，可以将血压传感器和 ZigBee 设备相连，ZigBee 设备定期检测病人的血压，将血压数据以无线的方式发送到服务器，服务器可以将数据传输到医生的电脑上，医生就可以根据病人的血压数据进行恰当的诊断。

1.2.2 ZigBee 和 IEEE 802.15.4 的关系

在设计网络的软件构架时，一般采用分层的思想，不同的层负责不同的功能，数据只能在相邻的层之间流动。例如，以太网中分层模型是 ISO 国际化标准组织提出的 OSI（Open System Interconnection）七层参考模型，如图 1-3 所示。

ZigBee 协议也在 OSI 参考模型的基础上，结合无线网络的特点，采用分层的思想实现。ZigBee 无线网络各层示意图如图 1-4 所示。

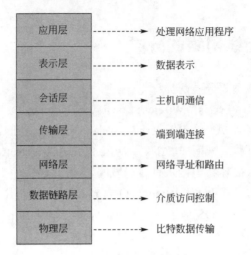

图 1-3 OSI 参考模型

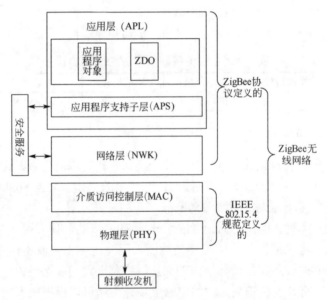

图 1-4 ZigBee 无线网络各层示意图

从图 1-4 可以看出，ZigBee 无线网络共分为 5 层：
- 物理层（PHY）；
- 介质访问控制层（MAC）；
- 网络层（NWK）；
- 应用程序支持子层（APS）；
- 应用层（APL）。

采用分层思想有很多优点，例如，当网络协议的一部分发生变化时，可以很容易地对与此相关的几个层进行修改,其他层不需要改变即可。读者是否可以从图 1-4 中看出 ZigBee 和 IEEE 802.15.4 的联系呢?

从图 1-4 中可以看出,IEEE 802.15.4 仅仅是定义了物理层(PHY)和介质访问控制层(MAC)的数据传输规范,而 ZigBee 协议定义了网络层、应用程序支持子层以及应用层的数据传输规范,这就是 ZigBee 无线网络。

1.2.3 ZigBee 的特点

总体而言,ZigBee 技术具有如下特点:

(1) 高可靠性

对于无线通信而言,由于电磁波在传输过程中容易受很多因素的干扰,例如,障碍物的阻挡、天气状况等,因此,无线通信系统在数据传输过程中,具有内在的不可靠性。无线控制系统作为无线通信的一个小的分支,在数据传输过程中,也具有不可靠性。

ZigBee 联盟在制定 ZigBee 规范时已经考虑到这种数据传输过程中的内在的不确定性,采取了一些措施来提高数据传输的可靠性,主要包括:物理层兼容高可靠的短距离无线通信协议 IEEE 802.11.5 同时使用 OQPSK 和 DSSS 技术;使用 CSMA-CA(Carrier Sense Multiple Access Collision Avoidance)技术来解决数据冲突问题;使用 16-bits CRC 来确保数据的正确性;使用带应答的数据传输方式来确保数据正确的传输目的地址;采用星形网络尽量保证数据可以沿着不同的传输路径从源地址到达目的地址。

(2) 低成本、低功耗

ZigBee 技术可以应用于 8-bit MCU,目前 TI 公司推出的兼容 ZigBee 2007 协议的 SoC 芯片 CC2530 每片价格在 20～35 元,外接几个阻容器件构成的滤波电路和 PCB 天线即可实现网络节点的构建。

关于低功耗问题需要说明一下,ZigBee 网络中的设备主要分为三种:

- 协调器(Coordinator),主要负责无线网络的建立和维护;
- 路由器(Router),主要负责无线网络数据的路由;
- 终端节点(End Device),主要负责无线网络数据的采集。

低功耗仅仅是对终端节点而言,因为路由器和协调器需要一直处于供电状态,只有终端节点可以定时休眠,下面通过一个例子向读者展示一下终端节点的低功耗是如何实现的。

例如,一般情况下,市面上每节 5 号电池的电量为 1500mA·h,对于两节 5 号电池供电的终端节点而言,总电量为 3000mA·h,即电池以 1mA 电流放电,可以连续放电 3000h(理论值),如果放电电流为 100mA,则可以连续放电 30h。

- 终端节点在数据发送期间需要的瞬时电流是 29mA；
- 数据接收期间所需要的瞬时电流为 24mA。

再加上各种传感器所需的工作电流，为了讨论问题方便，假设各种传感器所需的工作电流为 30mA（这个工作电流已经很大了），那么数据发送期间所需要的总电流为 59mA，数据接收期间所需要的总电流为 54mA，为了讨论问题方便，总电流取 60mA，表面上 2 节 5 号电池可以供终端节点连续工作 50h。

但是，对应实际系统，终端节点对数据的采集一般是定时采集，例如采集温度数据，由于温度变化减慢，所以可以定时采集，在此假设终端节点每小时工作 50s，其他时间都在休眠（其他时间都在休眠，休眠时工作电流在微安级，所以可以忽略不计）。

那么实际上情况是：系统采用 2 节 5 号电池供电，终端节点工作电流为 60mA，每小时工作 50s（其他时间都在休眠，休眠时工作电流在微安级，所以可以忽略不计），可以计算出 2 节 5 号电池可以供终端节点工作时间为：3600h=150 天，即大约半年时间，这也就是很多介绍 ZigBee 技术的书籍中提到的"对于 ZigBee 终端节点，使用 2 节 5 号电池供电，可以工作半年的时间"的理论依据。

请读者注意，上述分析是针对的终端节点，对于路由节点和协调器而言，要一直供电来确保数据的正确路由，所以一般不谈低功耗问题。

> **注意：** 在本书第 7 章中讲解太阳能供电的 ZigBee 无线传感器网络设计一节中会对上述问题进行展开讲解，如果读者在此不理解也没有关系。

（3）高安全性

为了保证数据传输的安全性，可以使用 AES-128 加密技术，但是对于初学阶段，安全性问题可以不予考虑。

（4）低数据速率

无线控制系统对数据传输的可靠性和安全性、系统功耗和成本等方面有着特殊的要求，因此，目前的无线网络协议没有很好地解决这些特殊的要求。

1.3 ZigBee 2007 协议简介

ZigBee 2007 规范定义了 ZigBee 和 ZigBee PRO 两个基本特性集，该规范比 ZigBee 2006 协议更具有应用前景，该协议主要应用领域有：

- 家庭自动化（Home Automation）；
- 商业楼宇自动化（Building Automation）；
- 自动读表系统（Automatic Meter Reading）。

> **注意：** 关于 ZigBee 2007 协议的更多技术细节，请参见本书网络实验部分，笔者力图给读者展现一个较为轻松的学习过程，在此，相信很多读者对于无线网络的拓扑、路由等知识还没有基本的认识，因此，笔者没有对 ZigBee 2007 的网络拓扑、路由等知识进行讲解，笔者会选择合适的实验环境，将这部分知识展示给读者。

1.4 ZigBee 无线网络通信信道分析

天线对于无线通信系统来说至关重要，在日常生活中可以看到各式各样的天线，如手机天线、电视接收天线等，天线的主要功能可以概括为：完成无线电波的发射与接收。发射时，把高频电流转换为电磁波发射出去；接收时，将电磁波转换为高频电流。

如何区分不同的电波呢？

一般情况，不同的电波具有不用的频谱，无线通信系统的频谱有几十兆赫兹到几千兆赫兹，包括了收音机、手机、卫星电视等使用的波段，这些电波都使用空气作为传输介质来传播，为了防止不同的应用之间相互干扰，就需要对无线通信系统的通信信道进行必要的管理。

各个国家都有自己的无线电管理结构，如美国的联邦通信委员会（FCC）、欧洲的典型标准委员会（ETSI），我国的无线电管理机构称为中国无线电管理委员会，其主要职责是负责无线电频率的划分、分配与指配、卫星轨道位置协调和管理、无线电监测、检测、干扰查处，协调处理电磁干扰事宜和维护空中电波秩序等。

一般情况，使用某一特定的频段需要得到无线电管理部门的许可，当然，各国的无线电管理部门也规定了一部分频段是对公众开放的，不需要许可即可使用，以满足不同的应用需求，这些频段包括 ISM（Industrial、Scientific and Medical——工业、科学和医疗）频带。

除了 ISM 频带外，在我国，低于 135kHz，在北美、日本等地，低于 400kHz 的频带也是免费频段。各国对无线频谱的管理不仅规定了 ISM 频带的频率，同时也规定了在这些频带上所使用的发射功率，在项目开发过程中，需要查阅相关的手册，如我国信息产业部发布的《微功率（短距离）无线电设备管理规定》。

IEEE 802.15.4（ZigBee）工作在 ISM 频带，定义了两个频段，2.4GHz 频段和 896/915MHz 频带。在 IEEE 802.15.4 中共规定了 27 个信道：

- 在 2.4GHz 频段，共有 16 个信道，信道通信速率为 250kbps；
- 在 915MHz 频段，共有 10 个信道，信道通信速率为 40kbps；

- 在896MHz频段，有1个信道，信道通信速率为20kbps。

> **注意：** 2.4GHz是全球通用的ISM频段，915MHz是北美的ISM频段，896MHz是欧洲认可的ISM频段。bps是指每秒钟传输的二进制位数，即比特每秒。

ISM频段信道分布图如图1-5所示。

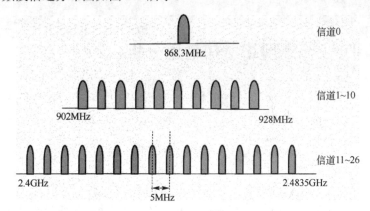

图1-5　ISM频段信道分布图

1.5　ZigBee无线网络拓扑结构

ZigBee网络拓扑结构主要有星型网络和网型网络。不同的网络拓扑对应于不同的应用领域，在ZigBee无线网络中，不同的网络拓扑结构对网络节点的配置有不同的要求（网络节点的类型可以是协调器、路由器和终端节点，具体配置需要根据配置文件决定），在本书后面章节将进行讲解，在此，读者只需要对网络拓扑结构有个概念性的认识即可。

星型网络拓扑图如图1-6所示。

网型网络拓扑图如图1-7所示。

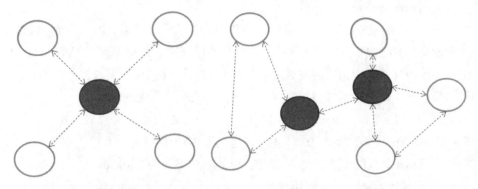

图1-6　星型网络拓扑图　　　　　图1-7　网型网络拓扑图

1.6 ZigBee 技术的应用领域

ZigBee 技术是基于小型无线网络而开发的通信协议标准，尤其是伴随 ZigBee 2007 协议的逐渐成熟，ZigBee 技术在智能家居和商业楼宇自动化方面有较大的应用前景。ZigBee 技术的出现弥补了低成本、低功耗和低速率无线通信市场的空缺，总体而言，在以下应用场合可以考虑采用 ZigBee 技术：

- 需要进行数据采集和控制的节点较多；
- 应用对数据传输速率和成本要求不高；
- 设备需要电池供电几个月的时间，且设备体积较小；
- 野外布置网络节点，进行简单的数据传输。

下面，给读者展示当前市场上几个 ZigBee 方面应用的例子。

在工业控制方面，可以使用 ZigBee 技术组建无线网络，每个节点采集传感器数据，然后通过 ZigBee 网络来完成数据的传送。

在智能家居和商业楼宇自动化方面，将空调、电视、窗帘控制器等通过 ZigBee 技术来组成一个无线网络，通过一个遥控器就可以实现各种家电的控制，这种应用场所比现行的每个家电一个遥控器要方便得多。

在农业方面，传统的农业主要使用没有通信能力且孤立的机械设备，使用人力来检测农田的土质状况、作物生长状况等，如果采用 ZigBee 技术，可以轻松地实现作物各个生长阶段的监控，传感器数据可以通过 ZigBee 网络来进行无线传输，用户只需要在电脑前即可实时监控作物生长情况，这将极大促进现代农业的步伐。

在医学应用领域，可以借助 ZigBee 技术，准确、有效地检测病人的血压、体温等信息，这将大大减轻查房的工作负担，医生只需要在电脑前使用相应的上位机软件，即可监控数个病房病人的情况。

1.7 CC2530 开发板硬件资源概述

进行 ZigBee 2007 无线网络的开发，需要有相关的硬件和软件，在硬件方面，TI 公司❶已经推出了完全支持 ZigBee 2007 协议的单片机 CC2530，同时也推出了相应的开发套件；在软件方面，TI 公司也推出了相应的协议栈 Z-Stack。在国内也有很多公司推出了 ZigBee 相关的开发套件，下面以智造者科技有限公司的 CC2530-EB 开发板为例进行硬件方面的讲解。

CC2530-EB 开发板分为两款，一款配有 128×64 液晶，一款没有液晶，如图 1-8、图 1-9 所示，每款产品分为底板和核心板，这种设计方式可以满足不同用户的需求。

---

❶ 德州仪器（TI）是全球领先的模拟及数字半导体 IC 设计制造公司。除了提供模拟技术、数字信号处理（DSP）和微处理器（MCU）半导体以外，TI 还设计制造用于模拟和数字嵌入式处理及应用于终端设备的半导体解决方案。

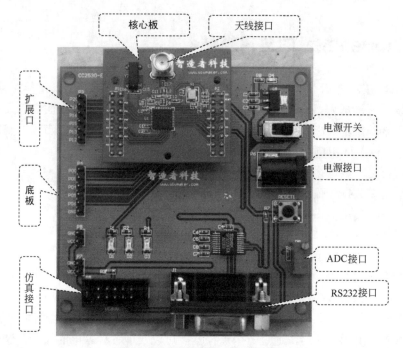

图 1-8　CC2530-EB 开发板

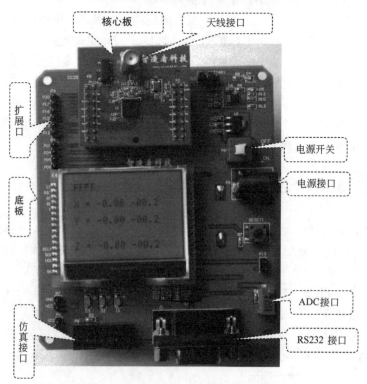

图 1-9　CC2530-EB 开发板（带液晶）

以上两款开发板除了液晶接口，其他接口都是兼容的，硬件资源主要有以下几个部分：

① 电源接口　实现开发板供电，CC2530 单片机正常工作需要的电压 2～3.6V，一般输入电压典型值为 3.3V。

② ADC 接口　可以方便用户进行 AD 采样实验。

③ RS232 接口　串口通信电路接口，可以方便用户进行串口实验，在 ZigBee 网络实验过程中，可以使用串口输出相应的数据，便于调试使用。

④ 仿真接口　10 针 JATG 接口，可以实现程序的在线仿真、调试、下载功能，可以结合 SmartRF Flash Programmer 软件进行程序的下载；此外，在 ZigBee 网络通信实验过程中，可以几个 Packet Sniffer 软件进行网络抓包实验。

⑤ 天线接口　外接 SMA 接口 2.4GHz 天线即可实现无线信号的接收。

⑥ 扩展接口　开发板预留的 IO 端口，用户可以使用这些 IO 扩展口进行外接传感器实验，例如，可以外接 ADXL345 加速度传感器模块，进行加速度传感器实验。

此外，对应液晶板，还提供了一个 128×64 点阵液晶模块，使用此液晶可以方便地进行数据显示，便于用户的开发。

> 注意：本节只是对开发板进行宏观讲解，具体电路的设计在本书第 3 章还将进行相应的讲解，读者只需要明白：进行 ZigBee 网络的开发，上述资源已经足够了。笔者结合自身的开发经验给读者阐述这种观点：当什么都看不清的时候，尽量从宏观上把握，随着学习过程的深入，一些问题会自然而然地清晰起来。

1.8　本章小结

本章主要讲述了 ZigBee2007 协议的基础知识，包括 ZigBee 的特点、网络拓扑、通信信道等，此外还给出 CC2530-EB 开发板的部分功能模块图，使读者对硬件模块有一个整体的概念。笔者力图从宏观上把握这部分知识点，把一些更细节、更具体的内容放在后面章节进行讲解，尽量使每一个知识点出现在最恰当的应用环境中。

第 2 章 IAR 集成开发环境及程序下载流程

由于 ZigBee 2007 协议的发布,以及相关公司推出的协议栈逐渐完善,市场上出现了各种各样的 ZigBee 技术解决方案,但是对于初学 ZigBee 的用户来说,如何准确地选择一款适合自己的开发平台至关重要。

大多数用户对于 51 内核的单片机较为熟悉,笔者结合自身学习经验给用户推荐一下开发平台:

- 选用一套 C8051 内核的单片机;
- 使用 IAR 软件集成开发环境;
- ZigBee 协议栈。

其中,C8051 内核的单片机要支持 ZigBee 2007 协议,这是基于 ZigBee 的无线网络开发的硬件平台,IAR 开发环境用于软件的编写,ZigBee 协议栈可以用于网络通信软件的开发,用户只需要安装 ZigBee 协议栈即可实现 ZigBee 网络的开发,在本书实验部分会进行相关的讲解。

本章主要讲述 IAR 开发环境进行 CC2530 单片机的开发,CC2530 单片机是 TI 公司推出的兼容 ZigBee 2007 协议的无线射频单片机,用户只需要外接一个天线,即可实现 ZigBee 无线网络的开发。如果用户已经熟悉 IAR 开发环境,完全可以跳过本章,直接进行后面章节的学习。

2.1 IAR 集成开发环境简介

IAR Embedded Workbench(又称为 EW)的 C 交叉编译器是一款完整、稳定且很容易使用的专业嵌入式应用开发工具。EW 对不同的微处理器提供统一的用户界面,目前可以支持至少 35 种的 8 位、16 位、32 位 ARM 微处理器结构。

IAR Embedded Workbench 集成的编译器有以下特点:

- 完全兼容标准 C 语言;
- 内建相应芯片的程序速度和内部优化器;
- 高效浮点支持;
- 内存模式选择;
- 高效的 PRO Mable 代码。

IAR Embedded Workbench 软件界面如图 2-1 所示。

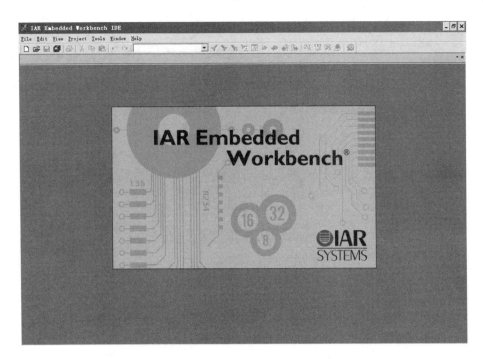

图 2-1　IAR Embedded Workbench 软件界面

安装 IAR Embedded Workbench 软件的方法，跟其他 Windows 程序安装方法一致，在此不赘述，下面着重讲解 IAR 集成开发环境中工程的相关操作。

2.2　工程的编辑与修改

IAR 集成开发环境中，对应工程的编辑操作主要涉及以下几方面的内容：
- 如何建立、保存一个工程；
- 如何向工程中添加源文件；
- 如何编译源文件。

下面进行详细讲解。

2.2.1　建立一个新工程

打开 IAR 集成开发环境，单击菜单栏的 Project，在弹出的下拉菜单中选择 Create New Project，如图 2-2 所示。

此时，系统会弹出 Create New Project 对话框，在 Tool chain 后面的下拉列表框中选择 8051，然后在 Project templates 列表框中选择 Empty project，最后单击 OK 按钮即可。Create New Project 对话框设置如图 2-3 所示。

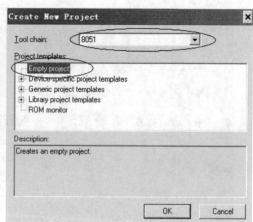

图 2-2 选择 Create New Project   图 2-3 Create New Project 对话框设置

此时，系统会弹出另存为对话框，如图 2-4 所示，根据用户需要可以自行更改工程名和保存位置。

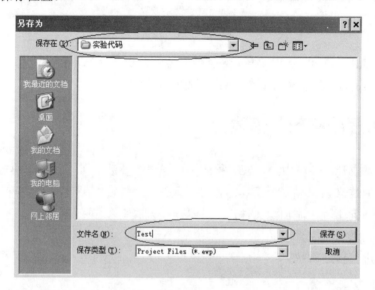

图 2-4 另存为对话框

此时，新建工程主窗口如图 2-5 所示。

选择菜单栏上的 File，在弹出的下拉菜单中选择 Save Workspace，如图 2-6 所示。

在弹出的 Save Workspace As 对话框中选择保存位置，输入文件名即可，保存 Workspace，如图 2-7 所示。

第 ❷ 章　IAR 集成开发环境及程序下载流程

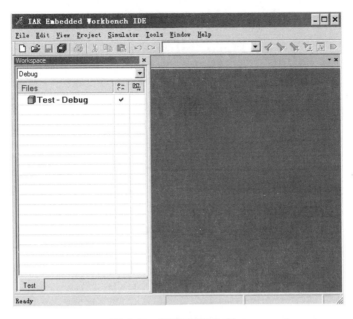

图 2-5　新建工程主窗口

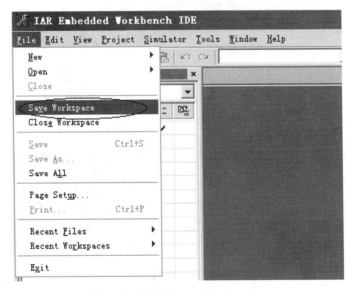

图 2-6　选择 Save Workspace

2.2.2　建立一个源文件

接下来需要添加源文件到该项目，选择 File→New→File，新建源文件如图 2-8 所示。

图 2-7　保存 Workspace

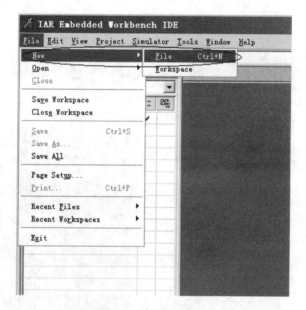

图 2-8　新建源文件

然后，将源文件保存为 Led.c，如图 2-9 所示。

2.2.3　添加源文件到工程

将上述源文件添加到项目中，选择 Project→Add Files，添加源文件如图 2-10 所示。

图 2-9　保存源文件

图 2-10　添加源文件

在弹出的对话框中，选择 Led.c 即可，如图 2-11 所示。

此时，项目左边的 Workspace 栏已经发生了变化，如图 2-12 所示。

然后，按照前文讲述的向工程中添加源文件的方法，向该工程中添加 Led.h、main.c 文件，Test 工程文件布局如图 2-13 所示。

图 2-11　选择 Led.c

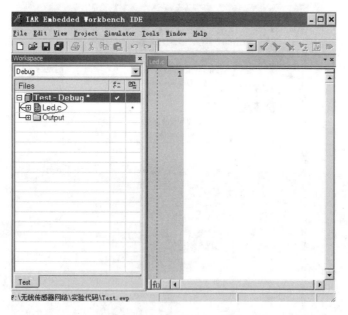

图 2-12　Workspace 栏

向 Led.h 文件中输入以下代码：
```
#ifndef __LED_H__
#define __LED_H__
#include <ioCC2530.h>        //该文件包含 CC2530 一些寄存器宏定义

#define LED1 P1_0             //LED1 接单片机的 P10 端口
```

```
#define Led1_On()        LED1 = 1 ;
#define Led1_Off()       LED1 = 0 ;

extern void Led_Init(void) ;
extern void Delay(unsigned int time) ;
#endif
```

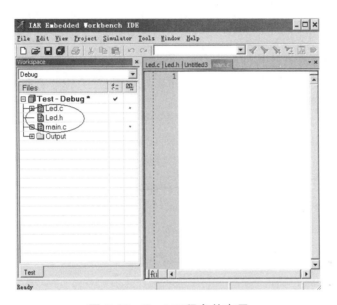

图 2-13 Test 工程文件布局

程序说明：

加粗部分代码是为了防止文件的重复包含问题，用户只需要记住这种格式即可，在模块化开发过程中，会经常使用该技巧，关于模块化编程方面的知识点请读者参见本章扩展阅读部分。

在程序的最后，使用 extern 关键字声明了 2 个外部函数，这两个函数的实现放在 Led.c 文件中。

Led.c 文件内容如下：

```
#include <ioCC2530.h>//该文件包含 CC2530 一些寄存器宏定义
#include "led.h"

void Led_Init(void)
{
    P1SEL &= ~ (1 << 0) ;       //将 p1_0 设置 GPIO
    P1DIR |= (1 << 0) ;         //将 p1_0 设置为输出模式
    LED1 = 0 ;
```

```
}
void Delay(unsigned int time)
{
    unsigned int i,j;
    for(i = 0 ; i < time ; i++)
        for(j = 0 ; j < 10000; j++) ;
}
```

程序说明:

在 Led_Init()函数中用到了寄存器 P1SEL 和 P1DIR。

关于这两个寄存器的详细使用方法请用户参考 CC2530 单片机数据手册。

main.c 文件内容如下:

```
#include "Led.h"
void main(void)
{
    Led_Init() ;
    while(1)
    {
        Led1_On() ;
        Delay(10) ;
        Led1_Off() ;
        Delay(10) ;
    }
}
```

程序说明:

技巧提示：该程序中，要使用到 LED 初始化函数，而该函数又是在 Led.c 文件中实现的，在 Led.h 文件中使用 extern 关键字对其进行了声明，那么，在 main.c 文件中需要使用该函数，则只需要包含 Led.h 文件即可，即

```
#include "Led.h"
```

 上述程序实现的基本功能是：在主循环中，点亮 LED1，然后延时一段时间，然后熄灭 LED1，然后再点亮……

2.2.4 工程设置

IAR 集成开发环境支持多种处理器，因此，建立工程后，要对工程进行基本的设置，使其符合用户所使用的单片机。

单击菜单栏上的 Project，在弹出的下拉菜单中选择 Options，如图 2-14 所示。

此时，弹出的 Options for node "CC2530Test" 对话框，如图 2-15 所示。

（1）General Options 选项

在 Target 标签下，Device 栏选择 Texas Instruments 文件夹下 CC2530.i51，如图

2-16 所示；Data model 栏的下拉菜单选择 Large，如图 2-17 所示。

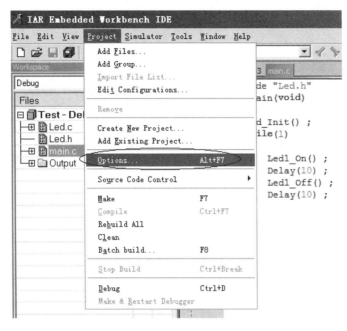

图 2-14　选择 Options

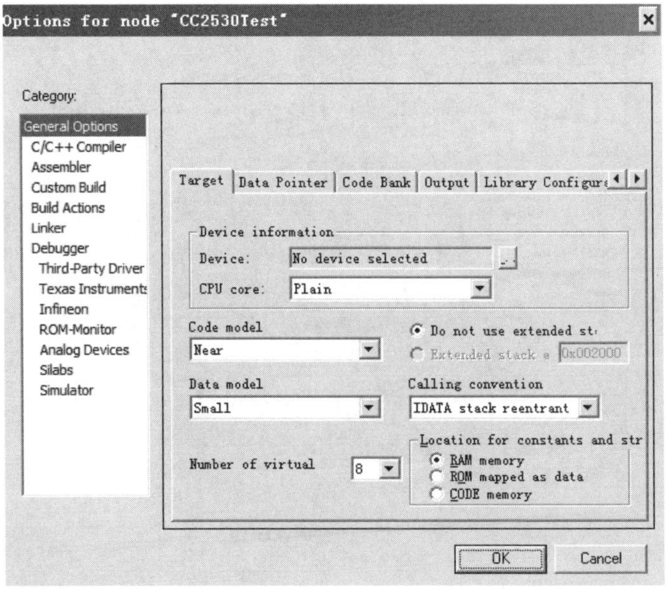

图 2-15　弹出的 Options for node "CC2530Test" 对话框

Stack/Heap 标签，XDATA 文本框内设置为 0x1FF，Stack/Heap 标签的设置如图

2-18 所示。

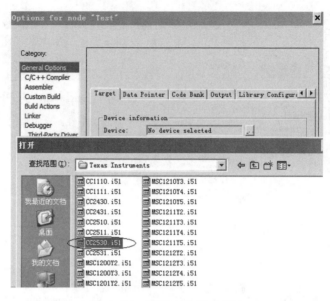

图 2-16　选择 CC2530.i51

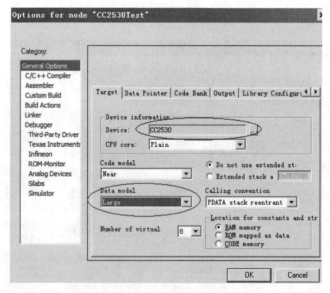

图 2-17　选择 Large

（2）Linker 选项

Output 标签下的选项主要用于设置输出文件名及格式，将 Output file 标签下面的文本框中输入 Test.hex。勾选 Allow C-SPY-specific extraoutput file，Output 标签的

设置如图 2-19 所示。

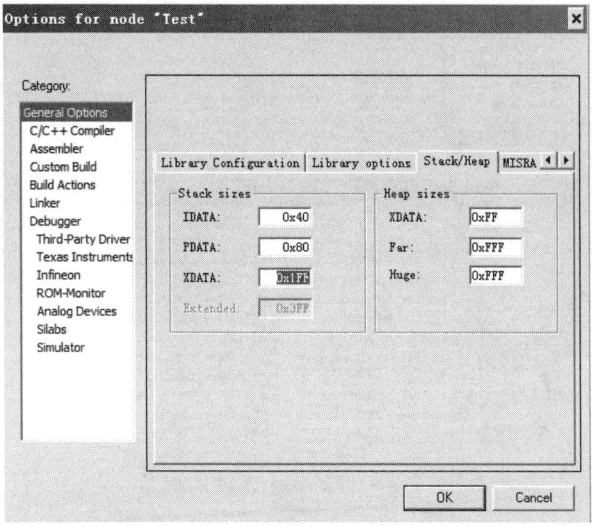

图 2-18　Stack/Heap 标签的设置

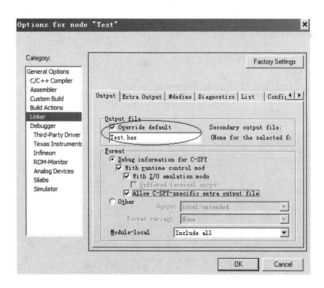

图 2-19　Output 标签的设置

Config 标签的设置如下：单击 Linker command file 栏右边的省略号按钮，勾选 Override default，在弹出的打开对话框中选择 $TOOLKIT_DIR$\config\lnk51ew_cc2530.xcl，Config 选项的设置如图 2-20 所示。

（3）Debugger 选项

Setup 标签下 Driver 栏设置为 Texas Instruments，Setup 标签的设置如图 2-21 所示。

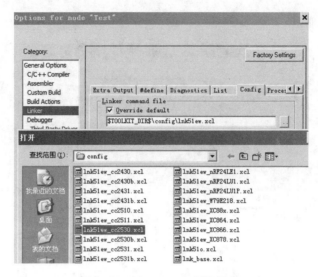

图 2-20　Config 选项的设置

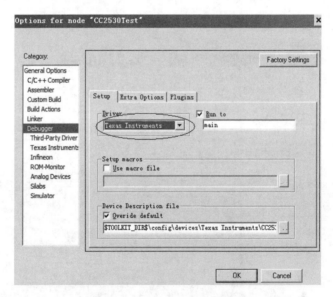

图 2-21　Setup 标签的设置

然后单击 OK 按钮即可完成所有的配置工作。

2.2.5　源文件的编译

设置好工程后,接下来需要对工程中的源文件进行编译,单击 Make 图标如图 2-22 所示。

如果源文件没有错误,则此时在 IAR 集成开发环境的左下角会弹出 Message 窗口，该窗口中显示源文件的错误和警告信息，Message 窗口如图 2-23 所示。

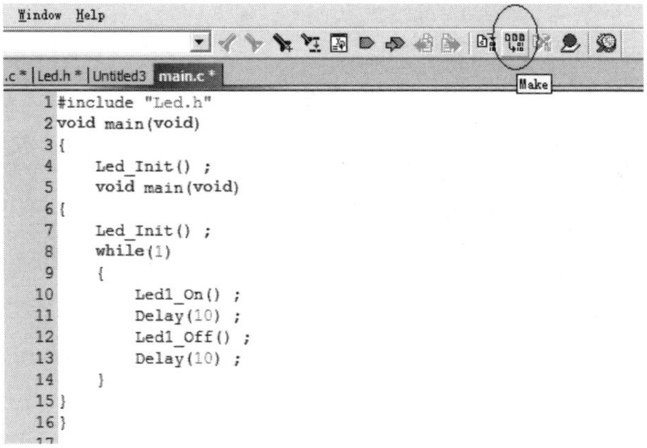

图 2-22　单击 Make 图标

图 2-23　Message 窗口

2.3　仿真调试与下载

源程序编译后，就需要进行源程序的下载、仿真与调试，在此之前需要安装相应的仿真器驱动程序。

2.3.1 仿真调试器驱动的安装

将 Usb Debug Adapter 仿真器❶通过 USB 电缆连接到 PC 机，在 Windows XP 系统下，系统会自动检测到新硬件，弹出新硬件更新向导对话框，如图 2-24 所示。

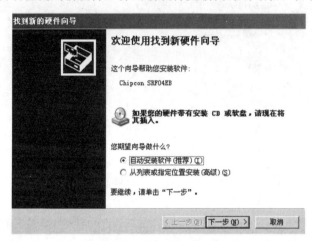

图 2-24 新硬件更新向导对话框

选择"自动安装软件（推荐）"选项，然后单击下一步，该向导会自动搜索驱动程序并进行安装，安装驱动过程如图 2-25 所示。

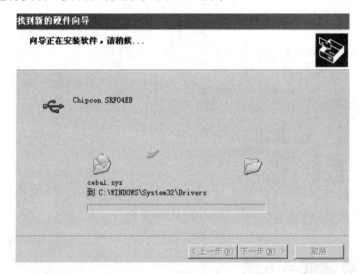

图 2-25 安装驱动过程

---

❶ 智造者科技有限公司推出的Usb Debug Adapter仿真器与TI公司CC Debuger完全兼容，支持TI公司除CC1010和CC430之外的所有RF SOC系列的仿真调试和程序下载。PC端调试开发平台支持TI公司SmartRF Flash Programmer、SmartRF Studio和IAR公司的集成开发环境IAR Embedded Workbench For C8051。

驱动程序安装完成后，即可进行仿真、调试和程序下载等功能了。

2.3.2 程序仿真调试

单击 Debug 按钮，如图 2-26 所示。

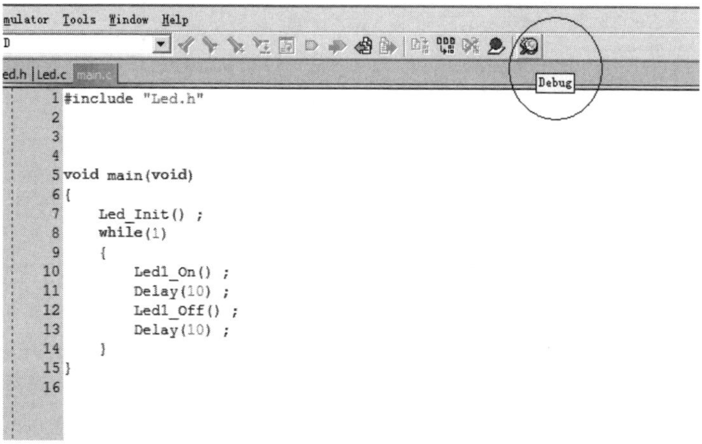

图 2-26　单击 Debug 按钮

此时，会出现调试状态界面，如图 2-27 所示。

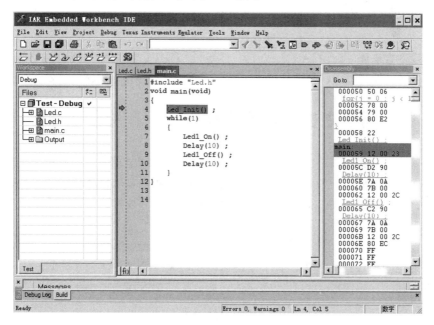

图 2-27　调试状态界面

其中，绿色的小箭头指示了当前程序的运行位置，此时单击键盘上的 F11 键即可实现程序的单步调试。

如果想退出调试状态，则只需要单击 Stop Debugging 按钮，如图 2-28 所示。

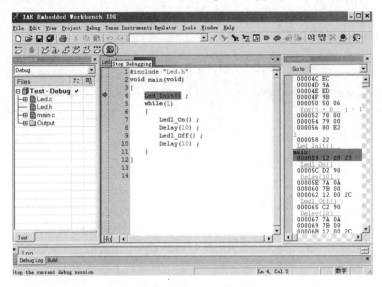

图 2-28　单击 Stop Debugging 按钮

2.4　本章小结

本章主要讲述了使用 IAR 集成开发环境进行 ZigBee 开发的基本流程，讲解了工程的建立、源文件的添加、编译与调试，最后，介绍了程序仿真调试的基本方法。

2.5　扩展阅读之模块化编程技巧

在单片机开发过程中，经常遇到模块复用问题，这时模块化编程将大大加快产品的开发进度，此外，TI 公司推出的 ZigBee 协议栈也是以模块化编程为基础进行的设计，学好模块化编程对于产品的开发以及 ZigBee 协议栈的学习都有较大的帮助作用，下面对模块化编程进行简要的讲解。

模块化编程分析与设计的基本理论如下。

在理想的模块化编程中，各个模块可以看成是一个个的黑盒子，只需要注意模块提供的功能，不需要关心具体实现该功能的策略和方法，即提供的是机制而不是策略，机制即功能，策略即方法。好比用户买了一部 iPhone，只需要会用它所提供的各种功能即可，至于各种功能是如何实现的，用户不需要关心。

在大型程序开发中，一个程序由不同的模块组成，可能不同的模块会由不同的人员负责。在编写某个模块的时候，很可能需要调用别人写好的模块的接口。这个时候关心的是：其他模块提供了什么样的接口，应该如何去调用，至于模块内部是如何实现的，对于调用者而言，无须过多关注。模块对外提供的只是接口，把不需要的细节尽可能对外部屏蔽起来，正是采用模块化程序设计所需要注意的地方。

一个模块包含两个文件：一个是".h"文件（又称为头文件）；另一个是".c"文件。

".h"文件可以理解为一份接口描述文件，其文件内部一般不包含任何实质性的函数代码，可以把这个头文件理解成为一份说明书，其内容就是这个模块对外提供的接口函数或接口变量。

此外，该文件也可以包含一些很重要的宏定义（如前文中 Led.h 中实现的宏 Led1_On()）以及一些数据结构的信息，离开了这些信息，该模块提供的接口函数或接口变量很可能就无法正常使用。

头文件的基本构成原则是：不该让外界知道的信息就不应该出现在头文件里，而供外界调用的模块内接口函数或接口变量所必需的信息就一定要出现在头文件里，否则，外界就无法正确地调用该模块提供的功能。

当外部函数或者文件调用该模块提供的接口函数或变量时，就必须包含该模块提供的这个接口描述文件——".h"文件（头文件）。同时，该模块的".c"文件也需要包含这个模块头文件（因为它包含了模块源文件中所需要的宏定义或数据结构等信息）。

通常，头文件的名字应该与源文件的名字保持一致，这样便可以清晰地知道哪个头文件是对哪个源文件的描述。

".c"文件主要功能是对".h"文件中声明的外部函数进行具体的实现，对具体实现方式没有特殊规定，只要能实现其函数的功能即可。

第3章 CC2530 开发板硬件资源详解

进行 ZigBee 无线传感器网络开发，首先，需要有相应的硬件支持（尤其是需要支持 ZigBee 协议栈的硬件）；此外还需要相应的软件支持（最好是相应的支持 ZigBee 协议的软件协议栈），当然，还需要下载器将程序下载到相应的硬件。本章主要讲解硬件电路方面的设计方法。

3.1 核心板硬件资源

CC2530-EB 核心板主要包括 CC2530 单片机、天线接口、晶振以及 I/O 扩展接口，CC2530-EB 核心板如图 3-1 所示。

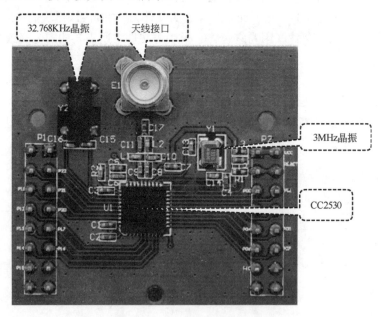

图 3-1　CC2530-EB 核心板

3.1.1　CC2530 简介

CC2530 单片机是一款完全兼容 8051 内核，同时支持 IEEE 802.15.4 协议的无线射频单片机。它有 3 个不同的存储器访问总线：

- 特殊功能寄存器（SFR）；
- 数据（DATA）；
- 代码/外部数据（CORE/XDATA）。

CC2530 单片机使用单周期访问 SFR、DATA 和主 SRAM。当 CC2530 处于空闲模式时，任何中断可以把 CC2530 恢复到主动模式。某些中断还可以将 CC2530 从睡眠模式唤醒。位于系统核心存储器交叉开关使用 SFR 总线将 CPU、DMA 控制器与物理存储器和所有的外接设备连接起来。

CC2530 的 Flash 容量可以选择，有 32KB、64KB、128KB、256KB，这就是 CC2530 单片机的在线可编程非易失性存储器，并且映射到代码和外部数据存储器空间。除了保持程序代码和常量以外，非易失性存储器允许应用程序保存必要的数据，以保证这些数据在设备重启后可用。使用此功能，可以保存具体网络参数，当系统再次上电后就可以直接加入网络中。

3.1.2 天线及巴伦匹配电路设计

在基于 ZigBee 协议的无线传感器网络构建过程中，天线以及巴伦匹配电路的设计较为重要，这涉及射频通路指标是否优良，对通信距离、系统功耗都有较大影响。

天线设计可以使用 PCB 天线，如倒 F 天线、螺旋天线等，也可以使用 SMA 接口的杆状天线，根据不同的应用来选择。天线及巴伦匹配电路设计如图 3-2 所示。

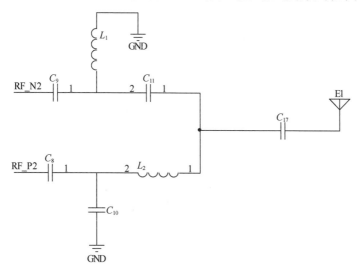

图 3-2　天线及巴伦匹配电路设计

3.1.3 晶振电路设计

CC2530 需要 2 个晶振，32MHz 晶振和 32.768KHz 晶振，晶振电路接口如图 3-3 所示。

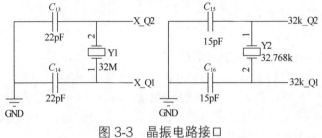

图 3-3　晶振电路接口

3.2　底板硬件资源

进行 ZigBee 无线传感器网络的开发，需要使用到相应的硬件，针对不同的传感器需要有不同的传感器信号调理电路，在此不赘述，但是，ZigBee 无线网络通信部分的硬件电路是不变的，下面对其进行讲解。

3.2.1　电源电路设计

电源电路可以采用 5V 电源通过 DC-DC 变换器得到 3.3V 工作电压，此外也可以采用 2 节 5 号电池供电的方案，电源电路如图 3-4 所示。

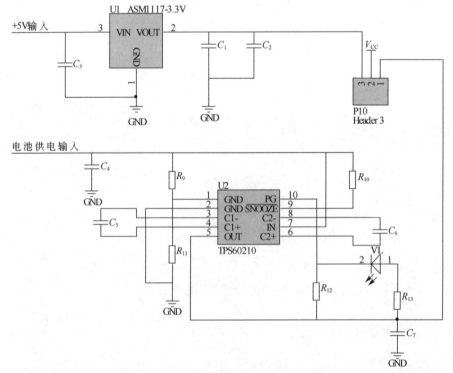

图 3-4　电源电路

3.2.2 LED 电路设计

LED 主要用于指示电路的工作状态，如：加入网络、网络信号良好、正在传输数据等信息，LED 电路如图 3-5 所示。

3.2.3 AD 转换电路设计

AD 转换电路主要用于模拟传感器，通过调节滑动变阻器的阻值大小，来改变电位器电压，可以在网络实验部分测试遥控端电路板上的 AD 输出电压值，AD 转换电路如图 3-6 所示。

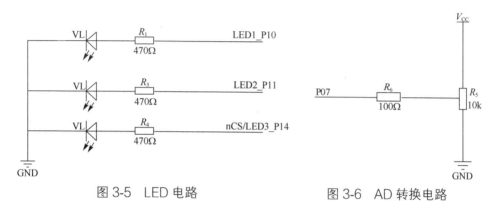

图 3-5　LED 电路　　　　　图 3-6　AD 转换电路

3.2.4 串口电路设计

串口电路主要用于实现 CMOS/TTL 电平到 RS232 电平的转换，串口电路如图 3-7 所示。

3.3 本章小结

本章主要讲解了 ZigBee 无线传感器网络的硬件构成，给出了具体的硬件电路，在具体项目开发过程中，读者需要结合自己系统所需的硬件资源进行设计。

3.4 扩展阅读之天线基本理论

作为无线通信系统中的一个关键部件，天线主要是用来辐射或接收电磁波，因此可以将天线看成是无线电磁波的出口与入口，是一种导行波与自由空间波之间的转换器件。对于发射机，高频电流经过馈线送到发射天线，发射天线将高频电流变换成电磁波，向规定的方向发射出去；而对于接收机，则是将来自一定方向的电磁波转换为高频电流，通过馈线送入接收机的输入回路。

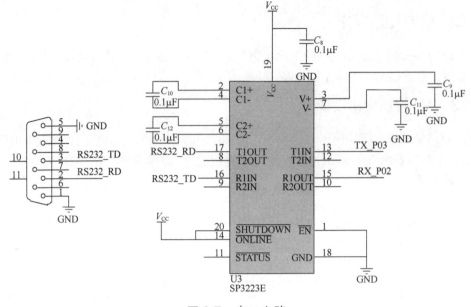

图 3-7 串口电路

3.4.1 天线的一些基本参数

为了表征天线的电特性，需要使用方向图、输入阻抗、驻波系数、增益、带宽和极化等特性参量对天线进行表述。

下面对各个特性参量进行了简单解释，以便读者对于天线理论有一个基本的认识。

① 辐射方向图　天线辐射的功率在有些方向上大，有些方向上小，而这种表示辐射功率大小在空间的分布图，就称为天线的辐射方向图。在工程上一般采用两个相互正交的主平面上的方向图来表示天线的方向性，通常称为 E 面和 H 面（E 面指的是通过天线最大辐射方向并平行于电场矢量的平面，H 面是通过天线最大辐射方向并垂直于 E 面的平面）。不同形式的天线，其方向图也不相同；对于同样的一副天线，其 E 面和 H 面方向图也不相同。如对于半波天线，其 E 面方向图为八字形，而 H 面方向图为圆形。

② 输入阻抗　天线的输入阻抗指的是天线输入端电压与输入端电流的比值，输入阻抗的大小表征了天线与发射机或接收机的匹配状况。

③ 驻波系数　主要用来表征天线与馈线匹配状况，通过它的大小可以计算从天线反射回发射机或接收机的功率多少。

④ 增益　在相同的输入功率下，天线在某方向某点产生的场强平方与点源天线在同方向同一点产生场强平方的比值，表征了天线集中辐射的程度。

⑤ 带宽　电性能下降到容许值的频率范围称为天线的带宽，因此有驻波带宽、方向图带宽、圆极化轴比带宽等，一般情况下带宽指驻波带宽。

⑥ 极化　用来描述天线辐射电磁波矢量空间指向的参数。接收和发射天线的极化不匹配将会影响接收效果。

3.4.2　常见的天线形式

对于天线分类，有各种不同的方法。如按工作性质，可以分为发射天线和接收天线；按用途可以分为通信天线、广播天线、雷达天线等。在此按照天线原理来分类，主要包括线天线、口径天线和阵列天线。

- 线天线：天线的长度远大于其横截面，如半波天线、单极子天线等；
- 口径天线：由整块金属板或导线栅格组成阵面，如喇叭天线、反射面天线等；
- 阵列天线：为了提高天线的增益，将天线单元按照一定的规律进行布阵，同时通过控制各个阵元的幅度和相位来控制整个阵列的电性能。

几种常见的天线形式如图 3-8 所示。

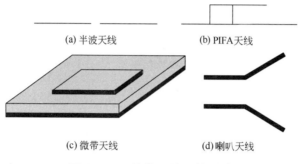

图 3-8　几种常见的天线形式

3.4.3　ZigBee 模块天线选型

对于 ZigBee 模块，要求天线的辐射方向图为全向，因此，一般使用偶极子、单极子和倒 F 天线等。在设计过程中可以将天线单独设计，也可以将天线和整个模块整体设计，这取决于具体的应用，因此需要按照具体的情况来选择天线，一般主要从性能、尺寸和成本三方面来考虑。两种可以用于 ZigBee 模块的天线是倒 F 天线和折叠偶极子天线。

第 4 章 ZigBee 无线传感器网络入门

ZigBee 无线传感器网络涉及电子、电路、通信、射频等多学科的知识，这对于入门级学习来说，无形中增加了学习难度，很多读者看 ZigBee 协议、射频电路……学了半年甚至更长的时间，但是连基本的点对点通信都无法实现，更别说根据对 ZigBee 协议的理解来实现正常的无线网络部署工作了。

基于此原因，本书推荐另一种学习思路，不是将学习重点放在复杂的 ZigBee 协议、射频、天线等知识，而是直接进行 ZigBee 无线网络点对点通信的学习，基本思路是：从发送端发送一个数据，接收端接收到数据后校验收到的数据是否正确，并给出相应的指示。很简单的功能，但是这里涉及以下问题：

- 数据在协议栈里面是如何流动的；
- 如何调用 ZigBee 协议栈提供的发送函数；
- 如何使用 ZigBee 协议栈进行数据的接收；
- 如何理解 ZigBee 协议栈；
- ZigBee 协议栈是采用分层的思想，各层都具有哪些功能；
- 如何利用 ZigBee 协议栈提供的函数来实现基本的无线传感器网络应用程序开发；
- 系统硬件对 ZigBee 协议都提供了哪些支持。

一个看似简单得不能再简单的实验引起了读者对于 ZigBee 无线传感器网络技术方方面面的思考，也正是由于上述思考，笔者才鼓起勇气带领读者去探究 ZigBee 无线网络的技术内幕，触摸那神圣的无线通信世界，感知那"传说中"的无线传感器网络，读者的 ZigBee 无线传感器网络开发之旅由此开始……

本章只是带领读者从功能上理解协议栈，并没有给出具体的概念性的知识点，展示了 ZigBee 无线网络中的数据传输过程，并没有对 ZigBee 协议栈进行深入的讨论，在本书第 5 章中会对 ZigBee 协议栈的构成及工作原理进行讨论，本章的主要目的是使读者对 ZigBee 协议栈开发有个感性的认识。

4.1 ZigBee 协议栈

进行 ZigBee 无线传感器网络的开发，首先面临的问题是什么？是 ZigBee 协议栈，以及由此引发的如下问题：

- ZigBee 协议栈和 ZigBee 协议是什么关系；

- 如何使用 ZigBee 协议栈进行应用程序的开发。

下面对上述问题进行逐一讲解。

4.1.1 什么是 ZigBee 协议栈

协议定义的是一系列的通信标准，通信双方需要共同按照这一标准进行正常的数据收发；协议栈是协议的具体实现形式，通俗的理解为用代码实现的函数库，以便于开发人员调用。

ZigBee 的协议分为两部分，IEEE802.15.4 定义了物理层和 MAC 层技术规范，ZigBee 联盟定义了网络层、安全层和应用层技术规范，ZigBee 协议栈就是将各个层定义的协议都集合在一起，以函数的形式实现，并给用户提供一些应用层 API，供用户调用。

> **注意：** 虽然协议是统一的，但是协议的具体实现形式是变化的，即不同厂商提供的协议栈是有区别的，例如：函数名称和参数列表可能有区别，用户在选择协议栈以后，需要学习具体的例子，查看厂商提供的 Demo 演示程序、说明文档（通常，实现协议栈的厂商会提供一些 API 手册供用户查询）来学习各个函数的使用方式，进而快速地使用协议栈进行应用程序的开发工作。

使用 ZigBee 协议栈进行开发的基本思路可以概括为如下三点：
- 用户对于 ZigBee 无线网络的开发就简化为应用层的 C 语言程序开发，用户不需要深入研究复杂的 ZigBee 协议栈；
- ZigBee 无线传感器网络中数据采集，只需要用户在应用层加入传感器的读取函数即可；
- 如果考虑到节能，可以根据数据采集周期进行定时，定时时间到就唤醒 ZigBee 的终端节点，终端节点唤醒后，自动采集传感器数据，然后将数据发送给路由器或者直接发给协调器。

4.1.2 如何使用 ZigBee 协议栈

既然 ZigBee 协议栈已经实现了 ZigBee 协议，那么用户就可以使用协议栈提供的 API 进行应用程序的开发，在开发过程中完全不必关心 ZigBee 协议的具体实现细节，只需要关心一个核心的问题：应用程序数据从哪里来到哪里去。

下面举个例子，当用户应用程序需要进行数据通信时，需要按照如下步骤实现：
① 调用协议栈提供的组网函数、加入网络函数，实现网络的建立与节点的加入；
② 发送设备调用协议栈提供的无线数据发送函数，实现数据的发送；
③ 接收端调用协议栈提供的无线数据接收函数，实现数据的正确接收。

因此，使用协议栈进行应用程序开发时，开发者不需要关心协议栈是具体怎么实现的（例如：每个函数是怎么实现的，每条函数代码是什么意思等），只需要知道协议栈提供的函数实现什么样的功能，会调用相应的函数来实现自己的应用需求即可。

技巧提示：在 TI 推出的 ZigBee 2007 协议栈（又称作 Z-Stack）中，提供的数据发送函数如下：

```
afStatus_t AF_DataRequest( afAddrType_t *dstAddr,
                           endPointDesc_t *srcEP,
                           uint16 cID,
                           uint16 len,
                           uint8 *buf,
                           uint8 *transID,
                           uint8 options,
                           uint8 radius )
```

用户调用该函数即可实现数据的无线发送，当然，在此函数中有 8 个参数，用户需要将每个参数的含义理解以后，才能达到熟练应用该函数进行无线数据通信的目的。

AF_DataRequest()函数中最核心的两个参数：
- uint16 len——发送数据的长度；
- uint8 *buf——指向存放发送数据的缓冲区的指针。

至于调用该函数后，如何初始化硬件进行数据发送等工作，用户不需要关心，ZigBee 协议栈已经将所需要的初始化工作初始化了，这就类似于学习 TCP/IP 网络编程时，用户只需要调用相应的数据发送、接收函数即可，而不必关心具体的网卡驱动（如 DM9000、CS8900 网卡是如何接收数据的）的具体实现细节。

4.1.3 ZigBee 协议栈的安装、编译与下载

ZigBee 协议栈具有很多版本，不同厂商提供的 ZigBee 协议栈有一定的区别，本书选用 TI 公司推出的 ZigBee 2007 协议栈进行讲解。

ZigBee 2007 协议栈 ZStack-CC2530-2.3.0-1.4.0（可以在 TI 的官方网站下载）需要安装以后才能使用，下面讲解安装步骤。

从 TI 官方网站下载 ZigBee 2007 协议栈 ZStack-CC2530-2.3.0-1.4.0.exe，双击 ZStack-CC2530-2.3.0-1.4.0.exe，即可进行协议栈的安装，默认是安装到 C 盘根目录下。

在路径 C:\Texas Instruments\ZStack-CC2530-2.3.0-1.4.0\Projects\zstack\Samples GenericApp\CC2530DB 下找到 GenericApp.eww，如图 4-1 所示，打开该工程即可。

打开该工程后，可以看到 GenericApp 工程文件布局，如图 4-2 所示。

在图 4-2 所示的文件布局中，左侧有很多文件夹，如 App、HAL、MAC 等，这些文件夹对应了 ZigBee 协议中不同的层，使用 ZigBee 协议栈进行应用程序的开发，一般只需要修改 App 目录下的文件即可。

图 4-1 GenericApp.eww 工程路径

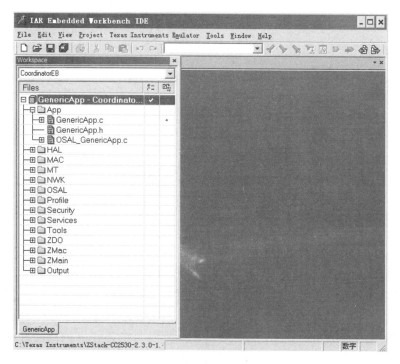

图 4-2 GenericApp 工程文件布局

> 提示： 关于协议栈的编译与下载，请读者结合 4.2 节的数据传输实验进行学习，通过具体的实例来展示协议栈开发的基本流程是笔者推荐的学习方法。

4.2 ZigBee 协议栈基础实验：数据传输实验

尽管到此为止，读者对 ZigBee 协议的基本内容都不了解，甚至 ZigBee 协议栈是什么也可能存在诸多的疑问与不解，但是笔者也是从这些"困难"中走出来的，也理解此时读者的心情，与其阅读那"深奥"的 ZigBee 协议栈，不如通过一个数据传输实验来对 ZigBee 协议以及 ZigBee 协议栈建立一个形象、直观的认识，这将有助于读者对 ZigBee 协议的理解。

数据传输实验的基本功能：两个 ZigBee 节点进行点对点通信，ZigBee 节点 2 发送"LED"三个字符，ZigBee 节点 1 收到数据后，对接收到的数据进行判断，如果收到的数据是"LED"，则使开发板上的 LED 灯闪烁。数据传输实验原理图如图 4-3 所示。

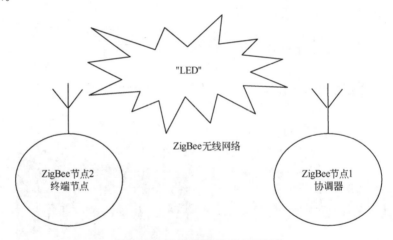

图 4-3　数据传输实验原理图

4.2.1　协调器编程

在 ZigBee 无线传感器网络中有三种设备类型：协调器、路由器和终端节点，设备类型是由 ZigBee 协议栈不同的编译选项来选择的。

协调器主要负责网络组建、维护、控制终端节点的加入等。路由器主要负责数据包的路由选择，终端节点负责数据的采集，不具备路由功能。

在本实验中，ZigBee 节点 1 配置为一个协调器，负责 ZigBee 网络的组建，ZigBee 节点 2 配置为一个终端节点，上电后加入 ZigBee 节点 1 建立的网络，然后发送"LED"给节点 1。

将 GenericApp 工程中的 GenericApp.h 删除，删除方法是：右键单击 GenericApp.h，在弹出的下拉菜单中选择 Remove 即可，如图 4-4 所示。

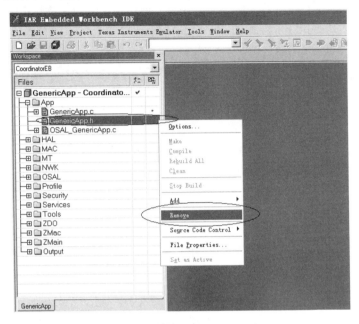

图 4-4　删除 GenericApp.h

按照前面的方法删除 GenericApp.c 文件。

单击 File，在弹出的下拉菜单中选择 New，然后选择 File，如图 4-5 所示。

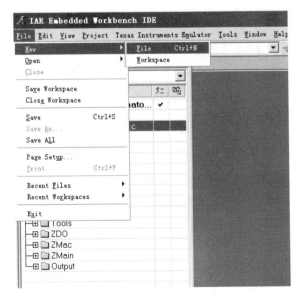

图 4-5　添加源文件

将该文件保存为 Coordinator.h，然后以同样的方法建立一个 Coordinator.c 和 Enddevice.c 文件。

下面讲解向该工程添加源文件的方法：右键单击 App，在弹出的下拉菜单中选择 Add，然后选择 Add Flies，如图 4-6 所示，选择刚才建立的三个文件(Coordinator.h、Coordinator.c 和 Enddevice.c)即可。

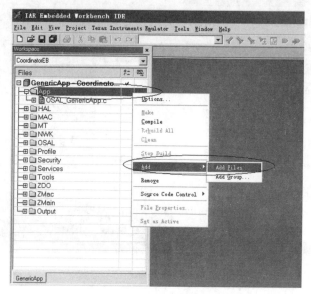

图 4-6　选择 Add Files

添加完上述文件后，GenericApp 工程文件布局如图 4-7 所示。

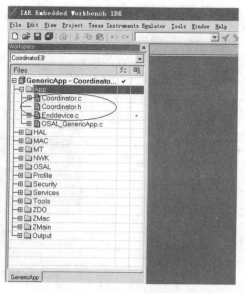

图 4-7　添加完文件的 GenericApp 工程文件布局

在 Coordinator.h 文件中输入以下代码：

```c
#ifndef COORDINATOR_H
#define COORDINATOR_H

#include "ZComDef.h"

#define GENERICAPP_ENDPOINT            10

#define GENERICAPP_PROFID              0x0F04
#define GENERICAPP_DEVICEID            0x0001
#define GENERICAPP_DEVICE_VERSION      0
#define GENERICAPP_FLAGS               0
#define GENERICAPP_MAX_CLUSTERS        1
#define GENERICAPP_CLUSTERID           1

extern void GenericApp_Init( byte task_id );
extern UINT16 GenericApp_ProcessEvent( byte task_id, UINT16 events );

#endif
```

现在的任务是如何实现 ZigBee 网络中的数据收发功能，因此，对上述代码暂时不进行解释，读者可以直接使用上述代码，在 4.3 节会有相应的代码分析。

在 Coordinator.c 中输入以下代码：

```c
1   #include "OSAL.h"
2   #include "AF.h"
3   #include "ZDApp.h"
4   #include "ZDObject.h"
5   #include "ZDProfile.h"
6   #include <string.h>
7   #include "Coordinator.h"
8   #include "DebugTrace.h"

9   #if !defined( WIN32 )
10  #include "OnBoard.h"
11  #endif

12  #include "hal_lcd.h"
13  #include "hal_led.h"
14  #include "hal_key.h"
15  #include "hal_uart.h"
```

说明：上述包含的头文件是从 GenericApp.c 文件复制得到的，只需要用#include "Coordinator.h"将 #include "GenericApp.h"替换即可，如上述代码中加粗字体部分所示。

以下代码大部分是从 GenericApp.c 复制得到的,只是为了演示如何实现点对点通信,因此对 GenericApp.c 中的代码进行了裁剪。

```
16   const cId_t GenericApp_ClusterList[GENERICAPP_MAX_CLUSTERS] =
     {
17      GENERICAPP_CLUSTERID
     };
```

上述代码中的 GENERICAPP_MAX_CLUSTERS 是在 Coordinator.h 文件中定义的宏,这主要是为了跟协议栈里面数据的定义格式保持一致,下面代码中的常量都是以宏定义的形式实现的。

```
18   const SimpleDescriptionFormat_t GenericApp_SimpleDesc =
     {
19      GENERICAPP_ENDPOINT,
20      GENERICAPP_PROFID,
21      GENERICAPP_DEVICEID,
22      GENERICAPP_DEVICE_VERSION,
23      GENERICAPP_FLAGS,
24      GENERICAPP_MAX_CLUSTERS,
25      (cId_t *)GenericApp_ClusterList,
26      0,
27      (cId_t *)NULL
     };
```

上述数据结构可以用来描述一个 ZigBee 设备节点,称为简单设备描述符(此描述符包含了很多信息,读者在此可以按照上述格式使用,后面实验都需要用到该结构体,用多了自然就熟悉了,在此没有必要机械地记忆该结构体)。

```
28   endPointDesc_t GenericApp_epDesc;
29   byte GenericApp_TaskID;
30   byte GenericApp_TransID;
```

上述代码定义了三个变量,一个是节点描述符 GenericApp_epDesc,一个是任务优先级 GenericApp_TaskID,最后一个是数据发送序列号 GenericApp_TransID。

> **注意:** 上述代码中 endPointDesc_t 结构体(注意,在 ZigBee 协议栈中新定义的类型一般以 "_t" 结尾)的定义较为复杂,下面是该结构体的定义:

```
typedef struct
{
  byte endPoint;
  byte *task_id;
  SimpleDescriptionFormat_t *simpleDesc;
  afNetworkLatencyReq_t latencyReq;
} endPointDesc_t;
```

```
31 void GenericApp_MessageMSGCB( afIncomingMSGPacket_t *pckt );
32 void GenericApp_SendTheMessage( void );
```

上述代码声明了两个函数，一个是消息处理函数 GenericApp_MessageMSGCB，另一个是数据发送函数 GenericApp_SendTheMessage。

```
33 void GenericApp_Init( byte task_id )
   {
34     GenericApp_TaskID                 = task_id;
35     GenericApp_TransID                = 0;
36     GenericApp_epDesc.endPoint        = GENERICAPP_ENDPOINT;
37     GenericApp_epDesc.task_id         = &GenericApp_TaskID;
38     GenericApp_epDesc.simpleDesc      =
            (SimpleDescriptionFormat_t *)&GenericApp_SimpleDesc;
39     GenericApp_epDesc.latencyReq      = noLatencyReqs;
40     afRegister( &GenericApp_epDesc );
   }
```

上述代码是该任务的任务初始化函数，上述格式较为固定，读者可以以此作为自己应用程序开发的参考。

第 34 行，初始化了任务优先级（任务优先级有协议栈的操作系统 OSAL 分配）。

第 35 行，将发送数据包的序号初始化为 0，在 ZigBee 协议栈中，每发送一个数据包，该发送序号自动加 1（协议栈里面的数据发送函数会自动完成该功能），因此，在接收端可以查看接收数据包的序号来计算丢包率。

第 36～39 行，对节点描述符进行的初始化，上述初始化格式较为固定，一般不需要修改。

第 40 行，使用 afRegister 函数将节点描述符进行注册，只有注册以后，才可以使用 OSAL 提供的系统服务。

```
41 UINT16 GenericApp_ProcessEvent( byte task_id, UINT16 events )
   {
42   afIncomingMSGPacket_t *MSGpkt;
43   if ( events & SYS_EVENT_MSG )
     {
44     MSGpkt = (afIncomingMSGPacket_t *)osal_msg_receive(GenericApp_
         TaskID );
45     while ( MSGpkt )
       {
46       switch ( MSGpkt->hdr.event )
         {
47         case AF_INCOMING_MSG_CMD:
```

```
48            GenericApp_MessageMSGCB( MSGpkt );
49          break;
50        default:
51          break;
        }
52      osal_msg_deallocate( (uint8 *)MSGpkt );
53      MSGpkt = (afIncomingMSGPacket_t *)osal_msg_receive
          ( GenericApp_TaskID );
      }
54    return (events ^ SYS_EVENT_MSG);
    }
55    return 0;
  }
```

上述代码是消息处理函数，该函数大部分代码是固定的，读者不需要修改，只需要熟悉这种格式即可，唯一需要读者修改的代码是第 48 行，读者可以修改该函数的实现形式，但是其功能基本都是完成对接收数据的处理。

注意： 读者不必被上述各种新的数据类型迷惑，如果读者经过一段时间的学习对上述数据类型熟悉了，就会很容易看懂上述代码的功能。在此只需要熟悉上述代码的格式即可，除了第 48 行，其他都是固定的，不需要修改。

下面从总体上讲解一下上述代码的功能（如果读者没有接触过 ZigBee 协议栈时，最基本的接收消息函数、消息结构体是什么都不清楚，读者可以略过这些讲解，这里主要是考虑到有部分读者对 ZigBee 协议栈有一定的了解）。

第 42 行，定义了一个指向接收消息结构体的指针 MSGpkt。

第 44 行，使用 osal_msg_receive 函数从消息队列上接收消息，该消息中包含了接收到的无线数据包（准确地说是包含了指向接收到的无线数据包的指针）。

第 47 行，对接收到的消息进行判断，如果是接收到了无线数据，则调用第 48 行的函数对数据进行相应的处理。

第 52 行，接收到的消息处理完后，就需要释放消息所占据的存储空间，因为在 ZigBee 协议栈中，接收到的消息是存放在堆上的，所以需要调用 osal_msg_deallocate 函数将其占据的堆内存释放，否则容易引起"内存泄漏"。

第 53 行，处理完一个消息后，再从消息队列里接收消息，然后对其进行相应的处理，直到所有消息都处理完为止。

```
56 void GenericApp_MessageMSGCB( afIncomingMSGPacket_t *pkt )
  {
57   unsigned char buffer[4] = "    ";
58   switch ( pkt->clusterId )
     {
```

```
59          case GENERICAPP_CLUSTERID:
60              osal_memcpy(buffer,pkt->cmd.Data,3);
61              if((buffer[0] == 'L') || (buffer[1] == 'E') || (buffer[2]
                == 'D'))
                {
62                  HalLedBlink(HAL_LED_2,0,50,500) ;
                }
63              else
                {
64                  HalLedSet(HAL_LED_2,HAL_LED_MODE_ON);
                }
65          break;
        }
    }
```

上述代码中，字体加粗部分的格式是固定的，实现的基本功能如下：

第 60 行，将收到的数据拷贝到缓冲区 buffer 中。

第 61 行，判断接收到的数据是不是"LED"三个字符，如果是这三个字符，则执行第 62 行，使 LED2 闪烁，如果接收到的不是这三个字符，则点亮 LED2 即可。

> **注意：** 上述代码使用到了 ZigBee 协议栈提供的函数 HalLedBlink（功能是：使某个 LED 闪烁）和 HalLedSet（功能是：设置某个 LED 的状态，如点亮、熄灭、状态翻转等），直接使用即可，这里需要提醒读者，使用协议栈进行应用程序开发时，如果协议栈已经提供了相应的函数，则只需要尽快掌握该函数的功能及使用方法即可，不需要另外实现该函数，其实，很多函数只要使用过一次以后，很快就会记住的。

到此为止，协调器的编程已经基本结束，下面回忆一下上述代码所做的基本工作。

- 删除了协议栈中的 GenericApp.h 和 GenericApp.c 文件，然后添加了三个文件：Coordinator.h、Coordinator.c 和 Enddevice.c。
- 给出了 Coordinator.h 和 Coordinator.c 的代码，并给出了部分注释，其中 Coordinator.h 文件中主要是一些宏定义，Coordinator.c 文件中很多代码格式是固定的，读者只需要熟悉上述代码格式即可。

下面还需要改动一下 OSAL_GenericApp.c 文件，将#include "GenericApp.h"注释掉，然后添加#include "Coordinator.h"即可。修改 OSAL_GenericApp.c 文件如图 4-8 所示。

在 Workspace 下面的下拉列表框中选择 CoordinatorEB，然后右键单击 Enddevice.c 文件，在弹出的下拉菜单中选择 Options，如图 4-9 所示。

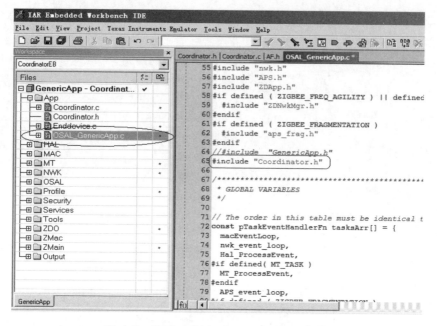

图 4-8 修改 OSAL_GenericApp.c 文件

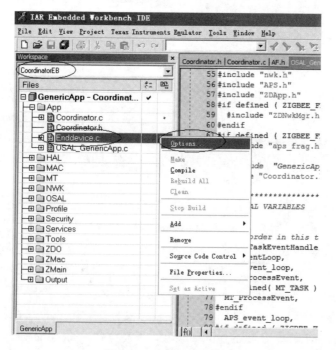

图 4-9 选择 options

在弹出的对话框中，选择 Exclude from build，如图 4-10 所示。

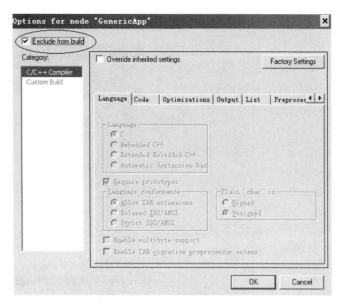

图 4-10 选择 Exclude from build

此时，Enddevice.c 文件呈灰白显示状态如图 4-11 所示。

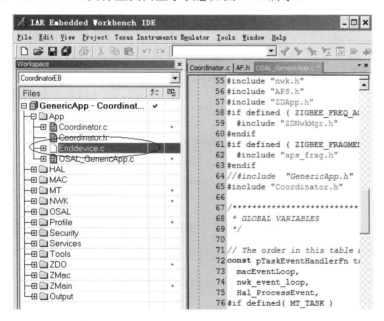

图 4-11 Enddevice.c 文件呈灰白显示状态

此时，可以打开 Tools 文件夹，可以看到 f8wEndev.cfg 和 f8wRouter.cfg 文件也是呈灰白显示状态，如图 4-12 所示，文件呈灰白显示状态说明该文件不参与编译，ZigBee 协议栈正是使用这种方式实现对源文件编译的控制。

f8w2530.xcl、f8wConfig.cfg、f8wCoord.cfg 三个文件包含了节点的配置信息，具体功能如下：

- f8w2530.xcl——包含了 CC2530 单片机的链接控制指令（如定义堆栈大小、内存分配等），一般不需要改动。

例如：下列代码定义了外部存储器的起始地址和结束地址。

```
-D_XDATA_START=0x0001
-D_XDATA_END=0x1EFF
```

- f8wConfig.cfg——包含了信道选择、网络号等有关的链接命令。

例如：下列代码定义了建立网络的信道默认为 11，即从 11 信道上建立 ZigBee 无线网络，第 2 行定义了 ZigBee 无线网络的网络号。

```
-DDEFAULT_CHANLIST=0x00000800
// 11 - 0x0B
-DZDAPP_CONFIG_PAN_ID=0xFFFF
```

因此，如果想从其他信道上建立 ZigBee 网络和修改网络号，就可以在此修改。

图 4-12 f8wEndev.cfg 和 f8wRouter.cfg 文件也是呈灰白显示状态

- f8wCoord.cfg——定义了设备类型。

前文讲到 ZigBee 无线网络中的设备类型有协调器、路由器和终端节点，因此，下述代码就定义了该设备具有协调器和路由器的功能。

```
-DZDO_COORDINATOR
-DRTR_NWK
```

> **注意** 协调器的功能体现在网络建立阶段，ZigBee 网络中，只有协调器才能建立一个新的网络，一旦网络建立以后，该设备的作用就是一个路由器。

相似的道理，打开 f8wRouter.cfg 文件，将看到如下代码：

```
-DRTR_NWK
```

这就是定义了该设备为路由器。

下面讲解一下 ZigBee 协议栈的编译与下载。

选择工具栏上的 Make 按钮，如图 4-13 所示，即可实现 ZigBee 协议栈的编译。

编译完成后，在窗口下方会自动弹出 Message 窗口，显示编译过程中的警告和出错信息。Message 窗口如图 4-14 所示。

图 4-13　选择工具栏上的 Make 按钮

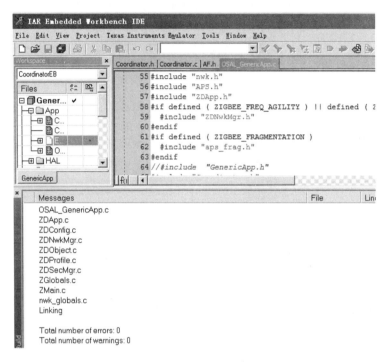

图 4-14　Message 窗口

最后，用 USB 下载器将 CC2530-EB 开发板和电脑连接起来，然后选择工具栏上的 Debug 按钮，如图 4-15 所示，即可实现程序的下载。

图 4-15　选择工具栏上的 Debug 按钮

4.2.2　终端节点编程

下面介绍一下终端节点的程序设计步骤。首先，在 Workspace 下面的下拉列表框中选择 EndDeviceEB，然后右键单击 Coordinator.c.c 文件，在弹出的下拉菜单中选择 Options，如图 4-16 所示。

图 4-16 在弹出的下拉菜单中选择 Options

在弹出的对话框中，选择 Exclude from build，如图 4-17 所示。

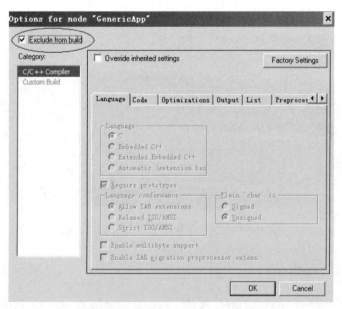

图 4-17 选择 Exclude from build

此时，Coordinator.c 文件呈灰白显示状态如图 4-18 所示。

在 Coordinator.h 文件中的内容保持不变。

在 Enddevice.c 文件中输入如下代码：

```
1  #include "OSAL.h"
2  #include "AF.h"
3  #include "ZDApp.h"
4  #include "ZDObject.h"
5  #include "ZDProfile.h"
6  #include <string.h>
7  #include "Coordinator.h"
8  #include "DebugTrace.h"
9  #if !defined( WIN32 )
10 #include "OnBoard.h"
11 #endif
12 #include "hal_lcd.h"
13 #include "hal_led.h"
14 #include "hal_key.h"
15 #include "hal_uart.h"
```

图 4-18 Coordinator.c 文件呈灰白显示状态

说明：上述头文件是从 GenericApp.c 文件复制得到的，只需要用#include "Coordinator.h"将 #include "GenericApp.h"替换即可，如上述代码中加粗字体部分所示。

```
16 const cId_t GenericApp_ClusterList[GENERICAPP_MAX_CLUSTERS] =
   {
17   GENERICAPP_CLUSTERID
   };
```

上述代码中的 GENERICAPP_MAX_CLUSTERS 是在 Coordinator.h 文件中定义的宏，这主要是为了跟协议栈里面数据的定义格式保持一致，下面代码中的常量都是以宏定义的形式实现的。

```
18 const SimpleDescriptionFormat_t GenericApp_SimpleDesc =
   {
19   GENERICAPP_ENDPOINT,
20   GENERICAPP_PROFID,
21   GENERICAPP_DEVICEID,
22   GENERICAPP_DEVICE_VERSION,
23   GENERICAPP_FLAGS,
24   0,
25   (cId_t *)NULL,
26   GENERICAPP_MAX_CLUSTERS,
27   (cId_t *)GenericApp_ClusterList
   };
```

上述数据结构可以用来描述一个 ZigBee 设备节点，跟 Coordinator.c 文件中的定义格式一致。

```
28  endPointDesc_t GenericApp_epDesc;
29  byte GenericApp_TaskID;
30  byte GenericApp_TransID;
31  devStates_t GenericApp_NwkState;
```

上述代码定义了 4 个变量，节点描述符 GenericApp_epDesc，任务优先级 GenericApp_TaskID，数据发送序列号 GenericApp_TransID，最后一个是保存节点状态的变量 GenericApp_NwkState，该变量的类型为 devStates_t（devStates_t 是一个枚举类型，记录了该设备的状态）。

```
32  void GenericApp_MessageMSGCB( afIncomingMSGPacket_t *pckt );
33  void GenericApp_SendTheMessage( void );
```

上述代码声明了两个函数，一个是消息处理函数 GenericApp_MessageMSGCB；另一个是数据发送函数 GenericApp_SendTheMessage。

```
34  void GenericApp_Init( byte task_id )
    {
35      GenericApp_TaskID              = task_id;
36      GenericApp_NwkState            = DEV_INIT;
37      GenericApp_TransID             = 0;
38      GenericApp_epDesc.endPoint     = GENERICAPP_ENDPOINT;
39      GenericApp_epDesc.task_id      = &GenericApp_TaskID;
40      GenericApp_epDesc.simpleDesc   =
              (SimpleDescriptionFormat_t *)&GenericApp_SimpleDesc;
41      GenericApp_epDesc.latencyReq   = noLatencyReqs;
42      afRegister( &GenericApp_epDesc );
    }
```

上述代码是该任务的任务初始化函数，上述格式较为固定，读者可以以此作为自己应用程序开发的参考。

第 35 行，初始化了任务优先级（任务优先级有协议栈的操作系统 OSAL 分配）。

第 36 行，将设备状态初始化为 DEV_INIT，表示该节点没有连接到 ZigBee 网络。

第 37 行，将发送数据包的序号初始化为 0，在 ZigBee 协议栈中，每发送一个数据包，该发送序号自动加 1（协议栈里面的数据发送函数会自动完成该功能），因此，在接收端可以通过查看接收数据包的序号来计算丢包率。

第 38~41 行，对节点描述符进行的初始化，上述初始化格式较为固定，一般不需要修改。

第 42 行，使用 afRegister 函数将节点描述符进行注册，只有注册后，才可以使用 OSAL 提供的系统服务。

```
43 UINT16 GenericApp_ProcessEvent( byte task_id, UINT16 events )
   {
     afIncomingMSGPacket_t *MSGpkt;
44   if ( events & SYS_EVENT_MSG )
     {
45     MSGpkt = (afIncomingMSGPacket_t *)osal_msg_receive
           ( GenericApp_TaskID );
46     while ( MSGpkt )
       {
47       switch ( MSGpkt->hdr.event )
         {
48         case ZDO_STATE_CHANGE:
49           GenericApp_NwkState = (devStates_t)(MSGpkt->hdr.
             status);
50           if (GenericApp_NwkState == DEV_END_DEVICE)
             {
51             GenericApp_SendTheMessage() ;
             }
52           break;
53         default:
54           break;
         }
       osal_msg_deallocate( (uint8 *)MSGpkt );
55     MSGpkt = (afIncomingMSGPacket_t *)osal_msg_receive(GenericApp_
       TaskID );
       }
56     return (events ^ SYS_EVENT_MSG);
     }
57   return 0;
   }
```

上述代码是消息处理函数，该函数大部分代码是固定的，读者不需要修改，只需要熟悉这种格式即可，唯一需要读者修改的代码是第 49~51 行。

第 49 行，读取节点的设备类型。

第 50 行，对节点设备类型进行判断，如果是终端节点（设备类型码为 DEV_END_DEVICE），再执行第 51 行代码，实现无线数据发送。

```
58 void GenericApp_SendTheMessage( void )
   {
59     unsigned char theMessageData[4] = "LED";
60     afAddrType_t my_DstAddr;
61     my_DstAddr.addrMode = (afAddrMode_t)Addr16Bit;
62     my_DstAddr.endPoint = GENERICAPP_ENDPOINT;
```

```
63        my_DstAddr.addr.shortAddr = 0x0000;
64        AF_DataRequest( &my_DstAddr, &GenericApp_epDesc,
                          GENERICAPP_CLUSTERID,
                          3,
                          theMessageData,
                          &GenericApp_TransID,
                          AF_DISCV_ROUTE,
                          AF_DEFAULT_RADIUS ) ;
65        HalLedBlink(HAL_LED_2,0,50,500) ;
      }
```

上述代码才是本实验的关键部分，实现了数据发送。

第 59 行，定义了一个数组 theMessageData，用于存放要发送的数据。

第 60 行，定义了一个 afAddrType_t 类型的变量 my_DstAddr，因为数据发送函数 AF_DataRequest 的第一个参数就是这种类型的变量。afAddrType_t 类型定义如下：

```
typedef struct
{
  union
  {
    uint16     shortAddr;
    ZLongAddr_t extAddr;
  } addr;
  afAddrMode_t addrMode;
  byte endPoint;
  uint16 panId;
} afAddrType_t;
```

该地址格式主要用在数据发送函数中。在 ZigBee 网络中，要向某个节点发送数据，需要从以下两方面来考虑。

① 使用何种地址格式标识该节点的位置　使用一种地址格式来标识该节点，因为每个节点都有自己的网络地址，所以可以使用网络地址来标识该节点，因此，afAddrType_t 结构体中定义了用于标识该节点网络地址的变量 uint16 shortAddr。

② 以何种方式向该节点发送数据　向节点发送数据可以采用单播、广播和多播的方式，在发送数据前需要定义好具体采用哪种模式发送，因此，afAddrType_t 结构体中定义了用于标识发送数据方式的变量 afAddrMode_t addrMode。

> **注意：** afAddrType_t 结构体中，加粗显示的部分经常用到，其他变量可以暂时不予考虑，随着学习的深入，读者会慢慢理解各个变量的具体含义。

第 61 行，将发送地址模式设置为单播（Addr16Bit 表示单播）。

第 62 行，初始化端口号。

第 63 行，在 ZigBee 网络中，协调器的网络地址是固定的，为 0x0000，因此，向协调器发送时，可以直接指定协调器的网络地址。

第 64 行，调用数据发送函数 AF_DataRequest 进行无线数据的发送。该函数原型如下：

```
afStatus_t  AF_DataRequest( afAddrType_t *dstAddr,
                            endPointDesc_t *srcEP,
                            uint16 cID,
                            uint16 len,
                            uint8 *buf,
                            uint8 *transID,
                            uint8 options,
                            uint8 radius )
```

在刚接触 ZigBee 协议栈时，只关注发送数据的长度和指向要发送数据的缓冲区的指针即可（如上述函数中加粗字体部分），随着对该函数使用次数的增多，相信读者会慢慢熟悉各个参数的具体含义。

第 65 行，调用 HalLedBlink 函数，使终端节点的 LED2 闪烁。

按照上一节讲解的方法，编译上述代码，然后下载到另一块开发板。

4.2.3　实例测试

打开协调器电源开关，然后打开终端节点电源开关，几秒钟后，会发现协调器的 LED 灯已经闪烁起来了，这说明协调器已经收到了终端节点发送的数据。

以上就是点对点的无线数据传输，读者可以修改第 59 行定义的数据发送缓冲区 theMessageData 中的数据来实现类似的功能。

但是，读者可能会有很多问题，如：

- 协调器是如何建立 ZigBee 无线网络的；
- 终端节点是如何加入已建立的 ZigBee 无线网络的；
- 数据发送函数 AF_DataRequest 是如何实现的；
- 协调器收到无线数据后，用户如何得到所收到的数据；
- 什么是任务优先级；
- 为什么上述代码中有很多固定的部分不需要改动呢；
- 什么是消息队列呢；
- ZigBee 协议栈包含很多代码，从哪里开始执行呢；
- 数据发送函数中第二个参数的类型是 endPointDesc_t——端口描述符，既然有网络地址了，为什么还有指定端口号作为参数呢；
- 什么是端口呢，什么是节点呢，端口和节点有什么关系呢。

也许读者还有其他很多类似的问题，虽然有诸多的问题，但是却实现了点对点的无线数据传输！这就是协议栈！这就是使用协议栈进行程序开发的便利之处，用户只需要关注所发送的数据，尽量少考虑 ZigBee 协议的具体实现细节。

上述问题有的涉及 ZigBee 协议，有的涉及 ZigBee 协议栈的实现细节，甚至有的涉及操作系统的部分基础知识，笔者会围绕上述问题进行有选择的讲解。

上述问题会一直困扰着读者，但是正是由于这些问题暂时无法解决，所以读者需要不断去学习理论知识，去做实验观察效果，进而最终把上述问题解决，相信当读者把上述问题解决的时候，会感觉 ZigBee 协议已经基本理解并能熟练使用了。

4.3 ZigBee 数据传输实验剖析

前面实验实现了 ZigBee 无线网络中点对点的数据传输，但是具体流程并没有讲解，笔者是想尽快让读者感受一下在 ZigBee 无线网络里面的数据传输过程，对传输过程有个感性的认识，然后进而展开讲解。

本节这是对上述实验进行原理上的讨论，具体的函数代码并没有过多的讨论，目的是为了使读者明白实验思路，具体的代码只要用多了自然就熟悉了。

4.3.1 实验原理及流程图

协调器流程图如图 4-19 所示。

协调器上电后，会按照编译时给定的参数，选择合适的信道、合适的网络号，建立 ZigBee 无线网络，这部分内容读者不需要写代码实现，ZigBee 协议栈已经实现了。

终端节点流程图如图 4-20 所示。

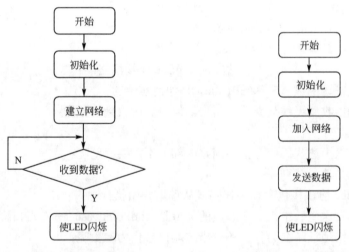

图 4-19 协调器流程图   图 4-20 终端节点流程图

终端节点上电后，会进行硬件电路的初始化，然后搜索是否有 ZigBee 无线网络，如果有 ZigBee 无线网络再自动加入（这是最简单的情况，当然可以控制节点加入网络时要符合编译时确定的网络号等），然后发送数据到协调器，最后使 LED 闪烁。

4.3.2 数据发送

在 ZigBee 协议栈中进行数据发送可以调用 AF_DataRequest 函数实现，该函数会调用协议栈里面与硬件相关的函数最终将数据通过天线发送出去，这里面涉及对射频模块的操作，例如：打开发射机，调整发射机的发送功率等内容，这些部分协议栈已经实现了，用户不需自己写代码去实现，只需要掌握 AF_DataRequest 函数的使用方法即可。

下面简要讲解一下 AF_DataRequest 数据发送函数中各个参数的具体含义。

```
afStatus_t AF_DataRequest( afAddrType_t *dstAddr,
                           endPointDesc_t *srcEP,
                           uint16 cID,
                           uint16 len,
                           uint8 *buf,
                           uint8 *transID,
                           uint8 options,
                           uint8 radius )
```

① afAddrType_t *dstAddr——该参数包含了目的节点的网络地址以及发送数据的格式，如广播、单播或多播等。

② endPointDesc_t *srcEP——在 ZigBee 无线网络中，通过网络地址可以找到某个具体的节点，如协调器的网络地址是 0x0000，但是具体到某一个节点上，还有不同的端口（endpoint），每个节点上最多支持 240 个端口（endpont）。

节点与端口的关系如图 4-21 所示，每个节点上最多有 240 个端口，端口 0 是默认的 ZDO（ZigBee Device Object），端口 0~240 用户可以自己定义，引入端口主要是由于 TI 实现的 ZigBee 协议栈中加入了一个小的操作系统，这样，每个节点上的所有端口共用一个发射/接收天线，不同节点上的端口之间可以进行通信，如节点 1 的端口 1 可以给节点 2 的端口 1 发送控制命令来点亮 LED（这就是灯光控制实验），节点 1 的端口 1 也可以给节点 2 的端口 2 发送命令进行数据采集操作，但是节点 2 上端口 1 和端口 2 的网络地址是相同的，所以仅仅通过网络地址无法区分，所以，在发送数据时不但要指定网络地址，还要指定端口号。

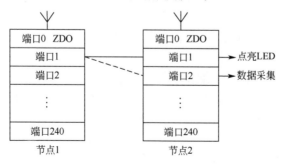

图 4-21 节点与端口的关系

因此，通过上面的论述可以得到如下的结论：
- 使用网络地址来区分不同的节点；
- 使用端口号来区分同一节点上的端口。

> **注意：** 端口（endpoint）的概念跟 TCP/IP 编程中端口的概念相类似。

③ uint16 cID——这个参数描述的是命令号，在 ZigBee 协议里的命令主要用来标识不同的控制操作，不同的命令号代表了不同的控制命令，如节点 1 的端口 1 可以给节点 2 的端口 1 发送控制命令，当该命令的 ID 为 1 时表示点亮 LED，当该命令的 ID 为 0 时表示熄灭 LED，因此，该参数主要是为了区别不同的命令。

如终端节点在发送数据时使用的命令 ID 是 GENERICAPP_CLUSTERID，该宏定义是在 Coordinator.h 文件中定义的，它的值为 1。

④ uint16 len——该参数标识了发送数据的长度。

⑤ uint8 *buf——该参数是指向发送数据缓冲区的指针，发送数据时只需要将所要发送的数据缓冲区的地址传递给该参数即可，数据发送函数会从该地址开始按照指定的数据长度取得发送数据进行发送。

⑥ uint8 *transID——该参数是一个指向发送序号的指针，每次发送数据时，发送序号会自动加 1（协议栈里面实现的该功能），在接收端可以通过发送序号来判断是否丢包，同时可以计算出丢包率。

例如，发送了 10 个数据包，数据包的序号为 0～9，在接收端发现序号为 2 和 6 的数据包没有收到，则丢包率计算公式为：

$$丢包率=丢包个数/所发送的数据包的总个数\times100\%=20\%$$

⑦ uint8 options 和 uint8 radius——这两个参数取默认值即可，options 参数可以取 AF_DISCV_ROUTE，radius 参数可以取 AF_DEFAULT_RADIUS。

4.3.3 数据接收

终端节点发送数据后，协调器会收到该数据，但是协议栈里面是如何得到通过天线接收到的数据的呢？

前文提到，TI 公司实现 ZigBee 协议栈时添加了一个小的操作系统，正是由于这个操作系统，才使得对协议栈的开发变得容易，但是对于非计算机专业的读者而言，如果操作系统方面的知识比较薄弱，则需要多进行实验才能很好地理解协议栈中的数据流向。

当协调器接收到数据后，操作系统会将该数据封装成一个消息，然后放入消息队列中，每个消息都有自己的消息 ID，标识接收到新数据的消息的 ID 是 AF_INCOMING_MSG_CMD，其中 AF_INCOMING_MSG_CMD 的值是 0x1A，这是在 ZigBee 协议栈中定义好的，用户不可更改，ZigBee 协议栈中 AF_INCOMING_MSG_CMD 宏的定义如下（在 Zcomdef.h 文件中定义的）：

```
#define AF_INCOMING_MSG_CMD        0x1A
```

因此，在协调器代码中有如下代码段：
```
MSGpkt = (afIncomingMSGPacket_t *)osal_msg_receive( GenericApp_
TaskID );
while ( MSGpkt )
{
    switch ( MSGpkt->hdr.event )
    {
        case AF_INCOMING_MSG_CMD:
            GenericApp_MessageMSGCB( MSGpkt );
            break;
        ……
```

首先使用 osal_msg_receive 函数从消息队列中接收一个消息，然后使用 switch-case 语句对消息类型进行判断（判断消息 ID），如果消息 ID 是 AF_INCOMING_MSG_CMD 则进行相应的数据处理。

> **注意**：这只是对上述代码进行了功能上的分析，具体的消息队列中消息的格式以及消息 ID 等没有进行讨论，在第 5 章将对上述问题进行讲解。

到此为止，读者至少理清楚这条线索：当协调器收到数据后，用户只需要从消息队列中接收消息，然后从消息中取得所需要的数据即可，其他工作都由 ZigBee 协议栈自动完成了。

4.4 ZigBee 数据包的捕获

前文是从原理上对 ZigBee 网络的数据流进行的分析，这是建立在对 ZigBee 协议栈充分熟悉的基础上，初学阶段很难理解，因此，笔者推荐读者可以使用 ZigBee 无线网络分析仪进行抓包，然后分析捕获的数据包，进而更形象地理解数据的传输过程。

4.4.1 如何构建 ZigBee 协议分析仪

构建 ZigBee 协议分析仪需要用到硬件和软件的支持，总体而言，构建 ZigBee 协议分析仪所需要的硬件和软件如表 4-1 所示。

表 4-1 构建 ZigBee 协议分析仪所需要的硬件和软件

硬件	CC2530-EB 开发板
	仿真下载器 Usb Debug Adapter
软件	Texas Instruments Packet Sniffer

构建 ZigBee 协议分析仪的具体步骤如下。

首先，使用 USB 延长线将仿真下载器 Usb Debug Adapter 和 CC2530-EB 开发板连接起来。

然后，打开 Texas Instruments Packet Sniffer 软件，如图 4-22 所示，在下列列表框中选择 IEEE 802.15.4/ZigBee，最后单击 Start 按钮。

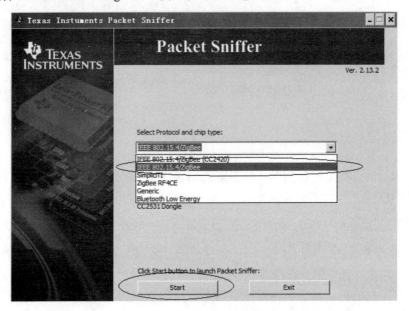

图 4-22　打开 Texas Instruments Packet Sniffer 软件

此时，会弹出 Texas Instruments Packet Sniffer 主窗口，如图 4-23 所示，在窗口底部 Select capturing device 中已经发现了开发板，然后在下拉列表框中选择 ZigBee 2007/PRO，最后单击蓝色小三角按钮（开始抓包按钮）即可进行抓包。

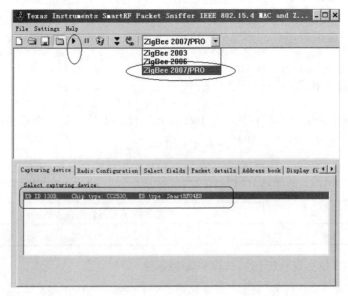

图 4-23　Texas Instruments Packet Sniffer 主窗口

现在就可以进行抓包了，依次打开协调器电源和终端节点电源，此时 Texas Instruments Packet Sniffer 软件就可以显示所捕获的数据包，如图 4-24 所示。

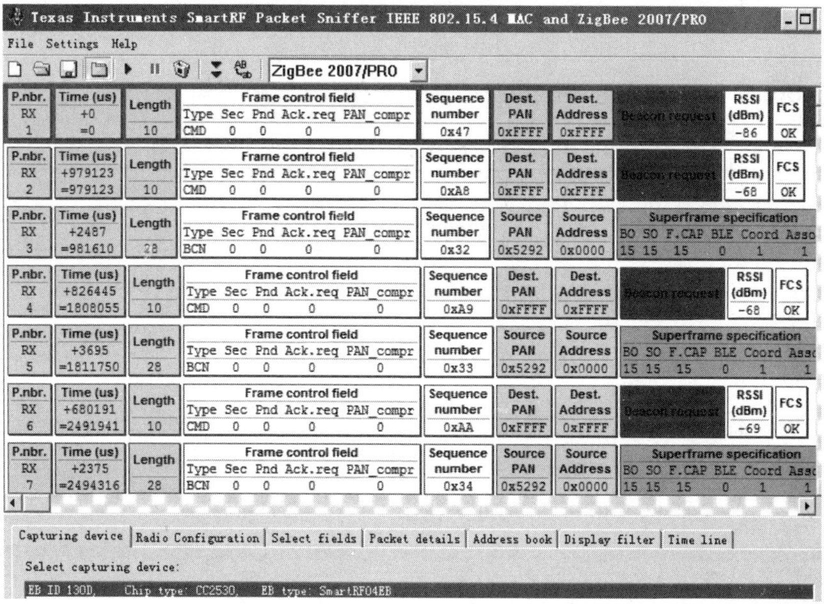

图 4-24 Texas Instruments Packet Sniffer 软件显示所捕获的数据包

4.4.2 ZigBee 数据包的结构

从 Texas Instruments Packet Sniffer 软件抓到的数据包可以看到每个数据包（图 4-24 中第一行表示一个数据包）有很多段组成，这与 ZigBee 协议是对应的，由于 ZigBee 协议栈是采用分层结构实现的（关于 ZigBee 协议栈的结构在本书第 5 章进行讲解），所以数据包显示时也是不同的层使用不同的颜色，这样读者很容易查看到相应的数据。

刚刚接触到数据包时，会有很多疑问，例如，数据包是怎么构成的？如何分析这些数据包呢？请读者注意，这是 ZigBee 网络内的数据包，因此，这些数据包肯定是符合 ZigBee 协议的，所以需要从 ZigBee 协议各层的数据包构成入手，然后慢慢分析数据包的构成。

下面分析一个数据包，如图 4-25 所示。

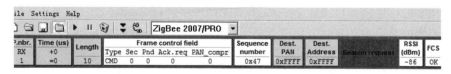

图 4-25 数据包分析实例

可以看到"Frame control field"、"Sequence number"、"Dest PAN"、"Dest Address"等不同的数据段，这是从哪里来的呢？

要弄清楚这些问题，还需要从 ZigBee 协议中介质访问控制层（MAC）数据包的构成讲起。

ZigBee 协议中介质访问控制层（MAC）数据包构成❶如表 4-2 所示。

表 4-2　介质访问控制层（MAC）数据包结构

长度（字节）	2	1	0/2	0/2/8	0/2	0/2/8
域名	帧控制域	序列号	目的 PAN ID	目的地址	源 PAN ID	源地址

结合上述数据包的格式就很容易理解上述数据包各个段的含义。

4.4.3　ZigBee 网络数据传输流程分析

下面结合通过 ZigBee 协议分析仪捕获的数据包来分析网络的建立过程以及数据传输过程中，用户数据在数据包的哪个位置。

通过 ZigBee 协议分析仪捕获的数据包如图 4-26 所示。

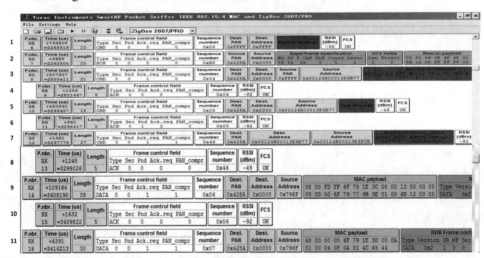

图 4-26　ZigBee 协议分析仪捕获的数据包

第 1~7 行是协调器建立 ZigBee 无线网络和终端节点加入该网络的过程。

第 1 行，终端节点发送信标（Beacon）请求。

第 2 行，协调器已经建立了 ZigBee 无线网络，在 ZigBee 无线网络中，协调器的网络地址必定是 0x0000，第 2 行所示数据包中的"Source Address"就是协调器的网络地址。

---

❶ 关于 ZigBee 协议中各层数据包的格式请读者参考《ZigBee Wireless Networking》（Drew Gislason 著）一书，该书中详细讨论了 ZigBee 协议栈各个层数据包的格式。

第 3 行，终端节点发送加入网络请求（Association Request）。

第 4 行，协调器对终端节点的加入网络请求作出应答，从哪里可以确定是对节点的加入网络请求作出的应答呢？一个很明显的方法是观察序列号，第 3、4 行显示的数据包中，"Sequence Number"是相同的，都是 0xAB。

第 5 行，终端节点收到协调器的应答后，发送数据请求（Data Request），请求协调器分配网络地址。从该数据包同时可以得到的信息是：终端节点的 IEEE 地址是 0x00124B00013E6B77。

请思考，为什么不使用网络地址作为源地址呢？

因为此时终端节点还没有加入网络，所以有效的网络地址还没有分配。

有读者可能会问，当终端节点未加入网络时网络地址是 0xFFFF，为什么不使用这个地址呢？

请注意，这里只是一个节点在加入网络，如果有几个节点同时加入网络，此时，这几个节点的网络地址都默认为 0xFFFF，则此时如果将 0xFFFF 作为源地址，当协调器收到加入网络请求后需要作出应答，这时问题就出现了，以 0xFFFF 为网络地址的节点有好几个，到底对哪个节点发送应答呢？无法确定！

但是，每个节点都有自己的 IEEE 地址，如果未加入网络时使用该地址作为源地址，则协调器收到加入网络请求后通过该地址就可以唯一地确定到底是哪个节点发送的加入网络请求，然后就可以对其作出应答。

第 6 行，协调器对终端节点的数据请求作出应答（序列号也是相同的，都是 0xAC）。

第 7 行，协调器将分配的网络地址发送给终端节点，新分配的网络地址是 0x796F。

从第 9 行开始，终端节点就使用自己的网络地址 0x796F 与协调器进行通信了。

可能有的读者会有这样的疑问：节点加入网络后，分配到了网络地址，此时为什么不使用节点的 IEEE 地址作为源地址进行通信呢？

这主要是由于 IEEE 地址是 64 位的，而节点的网络地址是 16 位的，对于无线通信而言，数据长度越长，发送这些数据所需要的功率就越大，同时，由于每个数据包的最大长度是确定的，如果节点地址占据的位数太多，每个数据包所携带的有效数据必将减少，因此综合上述考虑，一般节点成功加入网络后，数据通信过程中使用节点的网络地址作为源地址。

最后，请读者观察一下第 11 行，"MAC payload"栏的最后三个数据是什么呢？4C、45、44！

这就是在终端节点发送的数据 LED！

发送数据时是以 ASCII 码的格式发送，L 的 ASCII 码为 0x4C，E 的 ASCII 码为 0x45，D 的 ASCII 码为 0x44。

4.4.4 数据收发实验回顾

通过捕获数据包可以方便地对程序中的数据流进行跟踪，前文提到，使用 ZigBee 协议栈进行应用程序的开发时，只需要调用相应的数据发送函数 AF_DataRequest 即可实现数据的无线发送，数据包中不同层所包含的数据如图 4-27 所示。

图 4-27　数据包中不同层所包含的数据

payload 可以理解为这一层所包含的有效数据，称为净荷，可见，在 APS 层中的净荷就是用户所发送的数据，但是网络层的净荷除了用户数据外还包含了一些其他数据，同样的道理，在介质访问控制层的净荷中除了包含网络层的净荷外，还添加了部分数据。

这个道理跟邮寄一封信是一样的，用户写完信后，需要用信封将其包装起来，同时写好地址并贴好邮票，邮局需要盖上邮戳，然后才能寄出去，从用户的角度看，信封、邮票和邮戳对于信的内容来说是"附加的一些数据"，但这却是为了确保这封信能顺利到达接收方（对接收方而言，真正关心的是信的内容）。

同样的道理，在 ZigBee 协议栈中，不同的层会有相应的数据头、数据尾和一些校验信息，这主要是为了确保通信过程中数据的完整性问题，关于 ZigBee 数据包的格式请参阅本章扩展阅读部分。

4.5　本章小结

本章主要是通过一个 ZigBee 无线网络中的点对点通信实验来讲解数据收发的基本流程，对代码的讲解较为浅显，同时还给出了 ZigBee 协议分析仪的构建以及使用方法，在本章最后对 ZigBee 网络的建立以及数据传输过程给出了讲解，仅仅是从捕获的数据包来进行的讲解，关于深层次的网络建立过程，读者可以参阅协议栈源代码，当然本书也会进行讲解。

4.6 扩展阅读之 ZigBee 协议栈数据包格式

在 ZigBee 无线网络中，通常是将命令或者数据按照特定的格式组成数据包（Packet），以便于在不同的节点之间进行无线通信。ZigBee 数据包格式如图 4-28 所示。

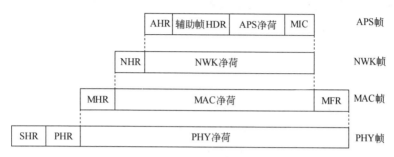

图 4-28 ZigBee 数据包格式

物理层（PHY）帧主要包含三个组成部分：
- 同步头（SHR，Synchronization Header）；
- 物理层头（PHR，PHY Header）；
- 物理层净荷（PHY Payload）。

同步头主要用于接收端的时钟同步，物理层头包含了数据帧的长度信息，物理层净荷是由上层提供的，包含了接收端所需要的数据或者命令信息。

介质访问控制层（MAC）帧主要包含三个组成部分：
- MAC 头（MHR，MAC Header）；
- MAC 净荷（MAC Payload）；
- MAC 尾（MFR，MAC Footer）。

MAC 头主要包含了地址信息和安全信息；MAC 净荷包含了数据或者命令，MAC 净荷的数据长度是可变化的，按照具体的数据传输要求来确定 MAC 净荷的数据长度；MAC 尾包含了数据校验信息，通常称为 FCS（Frame Check Sequence），数据包中的 MAC 帧如图 4-29 所示。

P.nbr. RX	Time (us)	Length	Frame control field						Sequence number	Dest. PAN	Dest. Address	Beacon request	RSSI (dBm)	FCS
			Type	Sec	Pnd	Ack.req	PAN compr							
1	+0 =0	10	CMD	0	0	0	0		0xDF	0xFFFF	0xFFFF	Beacon request	-85	OK

图 4-29 MAC 帧

从图 4-28 可以看出，在构成数据包时，MAC 帧是作为物理层帧的物理层净荷存在的。

网络层（NWK）帧主要包含两部分：

- NWK 头（NHR，NWK Header）；
- NWK 净荷（NWK Payload）。

NWK 头主要包含一些网络级的地址信息和控制信息，从图 4-28 可以看出，NWK 净荷使用 APS 帧提供的，数据包中的 NWK 帧如图 4-30 所示。

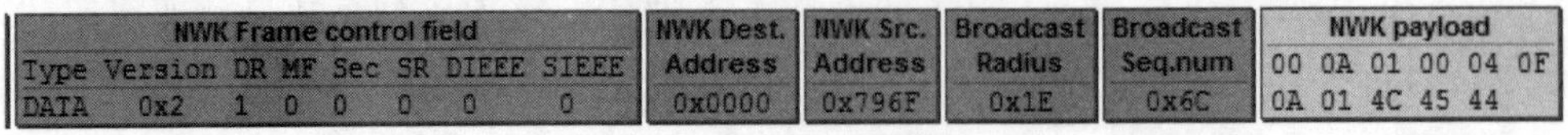

NWK Frame control field							NWK Dest. Address	NWK Src. Address	Broadcast Radius	Broadcast Seq.num	NWK payload
Type	Version	DR	MF	Sec	SR	DIEEE	SIEEE				
DATA	0x2	1	0	0	0	0	0	0x0000	0x796F	0x1E	0x6C	00 0A 01 00 04 0F 0A 01 4C 45 44

图 4-30 NWK 帧

应用程序支持子层（APS）帧主要包含四部分：
- 应用程序支持子层头（AHR，APS Header）；
- 辅助帧头（AHR，Auxiliary Frame Header）；
- 应用程序支持子层净荷（APS Payload）；
- 消息完整性码（Message Integrity Code）。

应用程序支持子层头主要包含一些应用层级别的地址信息和控制信息；辅助帧头主要用在向数据帧中添加安全信息以及安全密钥等；应用程序支持子层净荷包含了应用程序需要发送的命令或者数据信息；消息完整性码为该帧提供了安全特性支持，主要用于检测消息是否经过认证。数据包中的 APS 帧如图 4-31 所示。

APS Frame control field						APS Dest. Endpoint	APS Cluster id	APS Profile Id	APS Src. Endpoint	APS Counter	APS Payload
Type	Del.mode	Ack.fmt	Sec	Ack.req	Ext.hdr						
Data	Unicast	0	0	0	0	0x0A	0x0001	0x0504	0x7A	1	4C 45 44

图 4-31 APS 帧

第5章 ZigBee 无线传感器网络提高

笔者在上一章中给出了一个简单的点对点的无线通信实验，使读者对 ZigBee 无线传感器网络中的数据通信方法有个感性的认识。使用 ZigBee 协议栈进行应用程序开发过程中，虽然说读者可以不必关心 ZigBee 协议栈的具体细节，但是读者需要对 ZigBee 协议栈的基本构成与内部工作原理有个清晰的认识，只有这样才能将 ZigBee 协议栈提供的函数充分地融入自己的实际项目开发过程中。

本章将着重讨论 ZigBee 协议栈的构成以及内部 OSAL 的工作机理，在此基础上讲解一下 ZigBee 协议栈中的串口工作原理，最后通过一个具体的无线温度检测实验来帮助读者更好地理解本章内容。

5.1 深入理解 ZigBee 协议栈的构成

ZigBee 协议栈的实现方式采用分层的思想，分为物理层、介质访问控制层、网络层和应用层，应用层包含应用程序支持子层、应用程序框架层和 ZDO 设备对象。在协议栈中，上层实现的功能对下层来说是不知道的，上层可以调用下层提供的函数来实现某些功能。

ZigBee 协议栈的构成如图 5-1 所示。

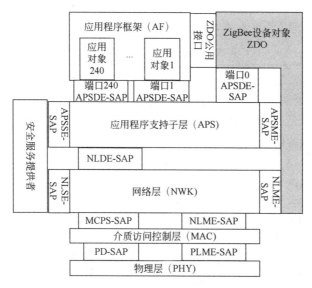

图 5-1　ZigBee 协议栈的构成

物理层（PHY）和介质访问控制层（MAC）是由 IEEE 802.15.4 规范定义的，物理层负责将数据通过发射天线发送出去以及从天线接收数据；ZigBee 无线网络中的网络号、网络发现等概念是介质访问控制层的内容，此外，介质访问控制层还提供点对点通信的数据确认（Per-hop Acknowledgments）以及一些用于网络发现和网络形成的命令，但是介质访问控制层不支持多跳（Multi-hop）、网型网络（Mesh）等概念。

网络层（NWK）主要是对网型网络提供支持，如在全网范围内发送广播包，为单播数据包选择路由，确保数据包能够可靠地从一个节点发送到另一个节点，此外，网络层还具有安全特性，用户可以自行选择所需的安全策略。

应用程序支持子层主要是提供了一些 API 函数供用户调用，此外，绑定表也是存储在应用程序支持子层。ZigBee 设备对象 ZDO 是运行在端口 0 的应用程序，主要提供了一些网络管理方面的函数。

每个端口（Endpoint）都能用于收发数据，有如下两个端口较为特殊。

① 端口 0　该端口用于整个 ZigBee 设备的配置和管理，用户应用程序可以通过端口 0 与 ZigBee 协议栈的应用程序支持子层、网络层进行通信，从而实现对这些层的初始化工作，在端口 0 上运行的应用程序成为 ZigBee 设备对象（ZDO, ZigBee Device Object）。

② 端口 255　该端口用于向所有的端口广播。

在 ZigBee 协议栈中，各层之间进行数据传递是通过服务接入点（Service Access Point）来实现的。一般使用两种类型的服务接入点：一种用于数据传输的服务接入点，另一种用于管理的服务接入点。例如：在 ZigBee 2007 协议栈，发送数据时使用的是 APSDE-DATA.request，显然这是一个发送数据请求，是从 APS 层发给下层来请求数据发送的。

服务接入点常用缩写如表 5-1 所示。

表 5-1　服务接入点常用缩写

英文缩写	全　　　称	备　　　注
APS	Application Support Sub-Layer	应用程序支持子层
SAP	Service Access Points	服务接入点
APSDE-SAP	APS Data Entity-SAP	应用程序支持子层数据实体服务接入点
APSME-SAP	APS Management Entity-SAP	应用程序支持子层管理实体服务接入点
NLDE-SAP	Network Layer Data Entity-SAP	网络层数据实体服务接入点
NLME-SAP	Network Layer Management Entity-SAP	网络层管理实体服务接入点
MCPS-SAP	MAC Common Part Service-SAP	MAC 层统用服务接入点
PD-SAP	Physical Layer Data Entity-SAP	物理层数据实体服务接入点
PLME-SAP	Physical Layer Management Entity-SAP	物理层管理实体服务接入点

可以将服务接入点理解为一些 API 函数，在上层可以通过调用这些 API 函数来使用下层提供的功能（服务）。

在 IAR 工程的左侧有很多文件夹，如 App、HAL、MAC 等，如图 5-2 所示，这些文件夹下面包含了很多源代码，这种实现方式与 ZigBee 协议的分层思想是相对应的，尽量将实现某些功能的函数放在同一个文件夹下。

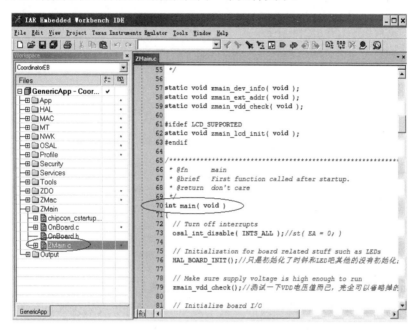

图 5-2　工程主界面

整个协议栈是从哪里开始执行的呢？请观察图 5-2 中，在 Zmain 文件夹下有个 Zmain.c 文件，打开该文件可以找到 main()函数，这就是整个协议栈的入口点，即从该函数开始执行！

下面看一下 main()函数主要做了哪些工作，mian()函数原型如下：
```
int main( void )
{
    osal_int_disable( INTS_ALL );
    HAL_BOARD_INIT();
    zmain_vdd_check();
    InitBoard( OB_COLD );
    HalDriverInit();
    osal_nv_init( NULL );
    ZMacInit();
    zmain_ext_addr();
    zgInit();
```

```
#ifndef NONWK
    afInit();
#endif

osal_init_system();
osal_int_enable( INTS_ALL );
InitBoard( OB_READY );
zmain_dev_info();

#ifdef LCD_SUPPORTED
    zmain_lcd_init();
#endif

#ifdef WDT_IN_PM1
    WatchDogEnable( WDTIMX );
#endif

osal_start_system();
return 0;
}
```

在 mian()函数中调用了很多其他文件中的函数,在此可以暂不考虑,重点是 osal_start_system()函数,在此之前的函数都是对板载硬件以及协议栈进行的初始化,直到调用 osal_start_system()函数,整个 ZigBee 协议栈才算是真正的运行起来了,那么 osal_start_system()函数是如何将 ZigBee 协议栈调动起来的呢?下面将进行这部分内容的讲解。

5.2 ZigBee 协议栈 OSAL 介绍

ZigBee 协议栈包含了 ZigBee 协议所规定的基本功能,这些功能是以函数的形式实现的,为了便于管理这些函数集,从 ZigBee 2006 协议栈开始,ZigBee 协议栈内加入了实时操作系统,称为 OSAL(操作系统抽象层,Operating System Abstraction Layer)。

非计算机专业的读者对操作系统知识较为欠缺,但是 ZigBee 协议栈里内嵌的操作系统很简单,读者只需要做几个小实验,会很快掌握整个 OSAL 的工作原理。

OSAL(Operating System Abstraction Layer),即操作系统抽象层,如何理解 OSAL 呢?从字面意思看是跟操作系统有关,但是后面为什么又加上"抽象层"呢?在 ZigBee 协议栈中,OSAL 有什么作用呢?下面将对上述问题进行讨论。

5.2.1 OSAL 常用术语

在讲解之前，先介绍操作系统有关的部分基础知识。

操作系统（OS）基本术语如下。

① 资源（Resource） 任何任务所占用的实体都可以称为资源，如一个变量、数组、结构体等。

② 共享资源（Shared Resource） 至少可以被两个任务使用的资源称为共享资源，为了防止共享资源被破坏，每个任务在操作共享资源时，必须保证是独占该资源。

③ 任务（Task） 一个任务，又称作一个线程，是一个简单的程序的执行过程，在任务执行过程中，可以认为 PU 完全属于该任务。在任务设计时，需要将问题尽可能地分为多个任务，每个任务独立完成某种功能，同时被赋予一定的优先级，拥有自己的 CPU 寄存器和堆栈空间。一般将任务设计为一个无限循环。

④ 多任务运行（Muti-task Running） 实际上只有一个任务在运行，但是 CPU 可以使用任务调度策略将多个任务进行调度，每个任务执行特定的时间，时间片到了以后，就进行任务切换，由于每个任务执行时间很短，例如：10ms，因此，任务切换很频繁，这就造成了多任务同时运行的"假象"。

⑤ 内核（Kernel） 在多任务系统中，内核负责管理各个任务，主要包括：为每个任务分配 CPU 时间；任务调度；负责任务间的通信。内核提供的基本的内核服务是任务切换。使用内核可以大大简化应用系统的程序设计方法，借助内核提供的任务切换功能，可以将应用程序分为不同的任务来实现。

⑥ 互斥（Mutual Exclusion） 多任务间通信最简单，常用的方法是使用共享数据结构。对于单片机系统，所有任务都在单一的地址空间下，使用共享的数据结构包括全局变量、指针、缓冲区等。虽然共享数据结构的方法简单，但是必须保证对共享数据结构的写操作具有唯一性，以避免晶振和数据不同步。

保护共享资源最常用的方法是：

- 关中断；
- 使用测试并置位指令（T&S 指令）；
- 禁止任务切换；
- 使用信号量。

其中，在 ZigBee 协议栈内嵌操作系统中，经常使用的方法是关中断。

⑦ 消息队列（Message Queue） 消息队列用于任务间传递消息，通常包含任务间同步的信息。通过内核提供的服务、任务或者中断服务程序将一条消息放入消息队列，然后，其他任务可以使用内核提供的服务从消息队列中获取属于自己的消息。为了降低传递消息的开支，通常传递指向消息的指针。

在 ZigBee 协议栈中，OSAL 主要提供如下功能：

- 任务注册、初始化和启动；
- 任务间的同步、互斥；
- 中断处理；
- 存储器分配和管理。

5.2.2 OSAL 运行机理

如图 5-1 中从宏观上表现了 ZigBee 协议的结构，但并没有 OSAL 的踪迹。ZigBee 协议栈与 ZigBee 协议之间并不能完全画等号。ZigBee 协议栈仅仅是 ZigBee 协议的具体实现，因此，存在于 ZigBee 协议栈中使用的 OSAL 并没有出现在 ZigBee 协议中。

在 ZigBee 协议中可以找到使用 OSAL 的某些"根源"。在基于 ZigBee 协议栈的应用程序开发过程中，用户只需要实现应用层的程序开发即可。从图 5-1 可以看出应用程序框架中包含了最多 240 个应用程序对象，每个应用程序对象运行在不同的端口上，因此，端口的作用是区分不同的应用程序对象。可以把一个应用程序对象看成为一个任务，因此，需要一个机制来实现任务的切换、同步和互斥，这就是 OSAL 产生的根源。

因此，从上面的分析可以得出下面的结论：OSAL 就是一种支持多任务运行的系统资源分配机制。

OSAL 与标准的操作系统还是有一定区别的，OSAL 实现了类似操作系统的某些功能，例如：任务切换、提供了内存管理功能等，但 OSAL 并不能称为真正意义上的操作系统。

为了探究 OSAL 运行机理，请读者回顾一下第 4 章讲解的点对点数据传输实验。

在左侧工作空间窗口打开 App 文件夹，可以看到三个文件，分别是"Coordinator.c"、"Coordinator.h"、"OSAL_GenericApp.c"。整个程序所实现的功能都包含在这三个文件当中。

首先打开 Coordinator.c 文件，可以看到两个比较重要的函数 GenericApp_Init 和 GenericApp_ProcessEvent。GenericApp_Init 是任务的初始化函数，GenericApp_ProcessEvent 则负责处理传递给此任务的事件。GenericApp_ProcessEvent 函数的主要功能是判断由参数传递的事件类型，然后执行相应的事件处理函数。

因此，在 ZigBee 协议栈中，OSAL 负责调度各个任务的运行，如果有事件发生了，则会调用相应的事件处理函数进行处理。OSAL 的工作原理示意图如图 5-3 所示。

那么，事件和任务的事件处理函数是如何联系起来的呢？

ZigBee 中采用的方法是：建立一个事件表，保存各个任务的对应的事件，建立另一个函数表，保存各个任务事件处理函数的地址，然后将这两张表建立某种对应关系，当某一事件发生时则查找函数表找到对应的事件处理函数即可。

现在问题转变为：用什么样的数据结构来实现事件表和函数表呢？如何将事件表

和函数表建立对应关系呢？可以说，只要将上述两个问题解决，在整个协议栈的开发将会变得很容易。

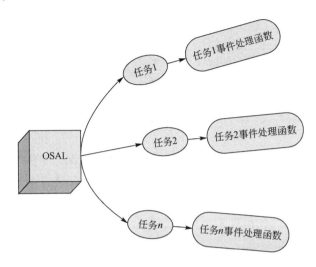

图 5-3   OSAL 的工作原理示意图

在 ZigBee 协议栈中，有三个变量至关重要。
- tasksCnt——该变量保存了任务的总个数。

该变量的声明为：uint8 tasksCnt，其中 uint8 的定义为：
```
typedef unsigned char  uint8
```
- tasksEvent——这是一个指针，指向了事件表的首地址。

该变量的声明为：uint16 *tasksEvents，其中 uint16 的定义为：
```
typedef unsigned short  uint16
```
- tasksArr——这是一个数组，该数组的每一项都是一个函数指针，指向了事件处理函数。

该数组的声明为：
```
pTaskEventHandlerFn tasksArr[]
```
其中 **pTaskEventHandlerFn** 的定义（需要特别注意）如下：
```
typedef unsigned short (*pTaskEventHandlerFn)( unsigned char task_id,
unsigned short event )
```
这是定义了一个函数指针。

因此，tasksArr 数组的每一项都是一个函数指针，指向了事件处理函数。

事件表和函数表的关系如图 5-4 所示。

讲到这里，可以总结一下 OSAL 的工作原理：通过 tasksEvents 指针访问事件表的每一项，如果有事件发生，则查找函数表找到事件处理函数进行处理，处理完后，继续访问事件表，查看是否有事件发生，无限循环。

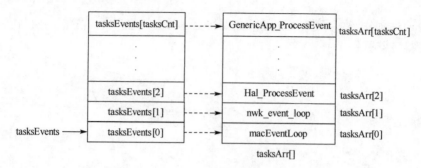

图 5-4 事件表和函数表的关系

从这种意义上说，OSAL 是一种基于事件驱动的轮询式操作系统。事件驱动是指发生事件后采取相应的事件处理方法，轮询指的是不断地查看是否有事件发生。

前文提到，在 main()函数中，直到调用 osal_start_system()函数，整个 ZigBee 协议栈才算是真正地运行起来了，下面将深入 osal_start_system()函数的内部去探究协议栈是如何被调动起来的。

osal_start_system()函数原型如下：

```c
void osal_start_system( void )
{
#if !defined ( ZBIT ) && !defined ( UBIT )
  for(;;)
#endif
  {
    uint8 idx = 0;

    osalTimeUpdate();
    Hal_ProcessPoll();

    do {
      if (tasksEvents[idx])
      {
          break;
      }
    } while (++idx < tasksCnt);
    if (idx < tasksCnt)
    {
      uint16 events;
      halIntState_t intState;
      HAL_ENTER_CRITICAL_SECTION(intState);
      events = tasksEvents[idx];
      tasksEvents[idx] = 0;
```

```
            HAL_EXIT_CRITICAL_SECTION(intState);
            events = (tasksArr[idx])( idx, events );
            HAL_ENTER_CRITICAL_SECTION(intState);
            tasksEvents[idx] |= events;
            HAL_EXIT_CRITICAL_SECTION(intState);
        }
#if defined( POWER_SAVING )
        else
        {
            osal_pwrmgr_powerconserve();
        }
#endif
    }
}
```

为了看清 osal_start_system()函数的工作机制,可以将条件编译指令去掉,此外,前文讲到,在访问共享变量时需要保证该变量不被其他任务同时访问,因此,这里采用的是关中断的方法,如下代码块就是一种典型的使用方法。

```
HAL_EXIT_CRITICAL_SECTION(intState);
    ……
HAL_EXIT_CRITICAL_SECTION(intState);
```

使用 HAL_EXIT_CRITICAL_SECTION 关中断,访问完共享变量后,使用 HAL_EXIT_CRITICAL_SECTION 宏恢复中断即可。

因此,为了分析问题方便,可以将这些宏去掉,经过简化的 osal_start_system()函数如下(简化后便于分析,同时工作原理没有变化):

```
1   void osal_start_system( void )
    {
2       for(;;)
        {
3           uint8 idx = 0;
4           osalTimeUpdate();
5           Hal_ProcessPoll();
6           do
            {
7               if (tasksEvents[idx])
                {
8                   break;
                }
9           } while (++idx < tasksCnt);

10          if (idx < tasksCnt)
            {
```

```
11              uint16 events;
12              events = tasksEvents[idx];
13              tasksEvents[idx] = 0; .
14              events = (tasksArr[idx])( idx, events );
15              tasksEvents[idx] |= events;
        }
    }
```

这个函数是 ZigBee 协议栈的灵魂，实现方法是：不断地查看事件表，如果有事件发生就调用相应的事件处理函数。

第 3 行，定义了一个变量 idx，用来在事件表中索引。

第 4、5 两行，更新系统时钟，同时查看硬件方面是否有事件发生，如串口是否收到数据、是否有按键按下等信息，这部分内容在此可以暂时不予考虑。

第 6~9 行，使用 do-while 循环查看事件表是否有事件发生。

这里需要注意一点，如何表示一个事件呢？

ZigBee 协议栈使用一个 unsigned short 型的变量，因为 unsigned short 类型占 2 个字节，即 16 个二进制位，因此，可以使用每个二进制位表示一个事件，如表 5-2 所示。

表 5-2　使用二进制位表示不同事件

事件	十六进制	二进制
串口接收新数据	0x01	0b00000001
接收到无线数据	0x02	0b00000010
读取温度数据	0x04	0b00000100

在系统初始化时，将所有任务的事件初始化为 0，因此，第 7 行通过 tasksEvents[idx] 是否为 0 来判断是否有事件发生，如果有事件发生了，则跳出循环。

第 11~12 行，读取该事件。

第 13 行，将事件表中该项清零，注意有可能几个事件同时发生，这里清零是暂时的，第 15 行会将未处理的事件存放在事件表中。

第 14 行，调用事件处理函数去处理，为什么是调用事件处理函数呢？还记得 tasksArr[] 数组中每个元素的类型吗？函数指针！这就是函数指针的典型应用。执行完事件处理函数后，需要将未处理的事件返回，即事件处理函数的返回值保存了未处理的事件，将该事件再写入事件表中，以便于下次进行处理。

现在遇到的问题是：如何在事件处理函数中返回未处理的事件呢？

下面结合 GenericApp_ProcessEvent 函数，讲解一下。GenericApp_ProcessEvent 函数原型如下：

```
UINT16 GenericApp_ProcessEvent( byte task_id, UINT16 events )
{
```

```
          afIncomingMSGPacket_t *MSGpkt;
          if ( events & SYS_EVENT_MSG )
          {
          MSGpkt = (afIncomingMSGPacket_t *)osal_msg_receive
          (GenericApp_TaskID );
          while ( MSGpkt )
          {
            switch ( MSGpkt->hdr.event )
            {
              case AF_INCOMING_MSG_CMD:
                  GenericApp_MessageMSGCB( MSGpkt );
                  break;

              default:
                break;
            }

            osal_msg_deallocate( (uint8 *)MSGpkt );
            MSGpkt = (afIncomingMSGPacket_t *)osal_msg_receive
            (GenericApp_TaskID );
          }
          return (events ^ SYS_EVENT_MSG);
          }
          return 0;
        }
```

GenericApp_ProcessEvent 函数的基本实现方法是：使用 osal_msg_receive 函数从消息队列上接收一个消息（在该消息中包含了事件以及接收到的数据），然后使用 switch-case 语句判断事件类型，如果是接收到新数据事件 AF_INCOMING_MSG_CMD，则调用相应的事件处理函数。

注意加粗部分的 return 语句，使用了异或运算，可以通过下面的例子看到异或运算的作用。

使用如表 5-2 中的事件，假设同时发生了串口接收事件和读取温度事件，则此时 events=0b00000101，即 0x05，假设现在处理完串口接收事件，则应该将第 0 位清零，如何实现呢？只需要使用异或运算即可，即 enents^0x01=0x5^0x01=0x04，即 0b00000100，可见使用异或运算恰好可以将处理完的事件清除，仅留下未处理的事件。

从上述函数中可以看到 SYS_EVENT_MSG，SYS_EVENT_MSG 与 AF_INCOMING_MSG_CMD 有什么内在联系呢？

前文讲到可以使用每个二进制位表示一个事件，因此在 ZigBee 协议栈中，用户可以自己定义事件，但是，协议栈同时也给出了几个已经定义好的事件，

SYS_EVENT_MSG 就是其中的一个事件，SYS_EVENT_MSG 的定义如下：

```
#define SYS_EVENT_MSG    0x8000
```

由协议栈定义的事件成为系统强制事件（Mandatory Events），SYS_EVENT_MSG 是一个事件集合，主要包括以下几个事件（其中前两个较为常用）：

① AF_INCOMING_MSG_CMD 表示收到了一个新的无线数据。

② ZDO_STATE_CHANGE 当网络状态发生变化时，会产生该事件，如终端节点加入网络时，就可以通过判断该事件来决定何时向协调器发送数据包（读者可以结合第 4 章终端节点的代码进行理解）。

③ ZDO_CB_MSG 指示每一个注册的 ZDO 响应消息。

④ AF_DATA_CONFIRM_CMD 调用 AF_DataRequest()发送数据时，有时需要确认信息，该事件与此有关。

因此，可以将 OSAL 的运行机理总结为：

- 通过不断地查询事件表来判断是否有事件发生，如果有事件发生，则查找函数表找到对应的事件处理函数对事件进行处理。
- 事件表使用数组来实现，数组的每一项对应一个任务的事件，每一位表示一个事件；函数表使用函数指针数组来实现，数组的每一项是一个函数指针，指向了事件处理函数。

5.2.3　OSAL 消息队列

讲解消息队列之前需要讲解一下消息与事件的区别。

事件是驱动任务去执行某些操作的条件，当系统中产生了一个事件，OSAL 将这个事件传递给相应的任务后，任务才能执行一个相应的操作（调用事件处理函数去处理）。

通常某些事件发生时，又伴随着一些附加信息的产生，例如：从天线接收到数据后，会产生 AF_INCOMING_MSG_CMD 消息，但是任务的事件处理函数在处理这个事件的时候，还需要得到所收到的数据。

因此，这就需要将事件和数据封装成一个消息，将消息发送到消息队列，然后在事件处理函数中就可以使用 osal_msg_receive，从消息队列中得到该消息。如下代码可以从消息队列中得到一个消息。

```
MSGpkt = (afIncomingMSGPacket_t *)osal_msg_receive(GenericApp_
    TaskID );
```

OSAL 维护了一个消息队列，每一个消息都会被放到这个消息队列中去，当任务接收到事件后，可以从消息队列中获取属于自己的消息，然后调用消息处理函数进行相应的处理即可。

OSAL 中消息队列如图 5-5 所示。

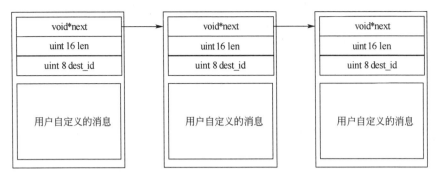

图 5-5　OSAL 中消息队列

每个消息都包含一个消息头 osal_msg_hdr_t 和用户自定义的消息，osal_msg_hdr_t 结构体的定义为：

```
typedef struct
{
  void        *next;
  uint16      len;
  uint8       dest_id;
} osal_msg_hdr_t;
```

5.2.4　OSAL 添加新任务

在使用 ZigBee 协议栈进行应用程序开发时，如何在应用程序中添加一个新任务。结合第 4 章讲解使用的工程，打开 OSAL_GenericApp.c 文件，可以找到数组 tasksArr[]和函数 osalInitTasks。tasksArr[]数组里存放了所有任务的事件处理函数的地址；osalInitTasks 是 OSAL 的任务初始化函数，所有任务的初始化工作都在这里面完成，并且自动给每个任务分配一个 ID。

因此，要添加新任务，只需要编写两个函数：
- 新任务的初始化函数；
- 新任务的事件处理函数。

将新任务的初始化函数添加在 osalInitTasks 函数的最后，如下代码所示。

```
const pTaskEventHandlerFn tasksArr[] = {
  macEventLoop,
  nwk_event_loop,
  Hal_ProcessEvent,
#if defined( MT_TASK )
  MT_ProcessEvent,
#endif
  APS_event_loop,
#if defined ( ZIGBEE_FRAGMENTATION )
  APSF_ProcessEvent,
```

```
#endif
  ZDApp_event_loop,
#if defined ( ZIGBEE_FREQ_AGILITY ) || defined ( ZIGBEE_PANID_
CONFLICT )
  ZDNwkMgr_event_loop,
#endif
  GenericApp_ProcessEvent
};
```

将事件处理函数的地址加入 tasksArr[]数组，如下代码所示。

```
void osalInitTasks( void )
{
  uint8 taskID = 0;

  tasksEvents = (uint16 *)osal_mem_alloc( sizeof( uint16 ) * tasksCnt);
  osal_memset( tasksEvents, 0, (sizeof( uint16 ) * tasksCnt));

  macTaskInit( taskID++ );
  nwk_init( taskID++ );
  Hal_Init( taskID++ );
#if defined( MT_TASK )
  MT_TaskInit( taskID++ );
#endif
  APS_Init( taskID++ );
#if defined ( ZIGBEE_FRAGMENTATION )
  APSF_Init( taskID++ );
#endif
  ZDApp_Init( taskID++ );
#if defined ( ZIGBEE_FREQ_AGILITY ) || defined ( ZIGBEE_PANID_
CONFLICT )
  ZDNwkMgr_Init( taskID++ );
#endif
  GenericApp_Init( taskID );
}
```

在此例中，将此前提到过的 GenericApp_ProcessEvent 函数添加到了数组的末尾，GenericApp_Init 函数在 osalInitTasks 中被调用。

需要注意两点：

- tasskArr[]数组里各事件处理函数的排列顺序要与 osalInitTasks 函数中调用各任务初始化函数的顺序保持一致，只有这样才能够保证每个任务的事件处理函数能够接收到正确的任务 ID（在 osalInitTasks 函数中分配）。
- 为了保存 osalInitTasks 函数所分配的任务 ID，需要给每一个任务定义一个全局变量。如在 Coordinator.c 中定义了一个全局变量 GenericApp_TaskID，并且在

GenericApp_Init 函数中进行了赋值。

5.2.5 OSAL 应用编程接口

既然 ZigBee 协议栈内嵌了操作系统来支持多任务运行，那么任务间同步、互斥等都需要相应的 API 来支持，下面讲解一下 OSAL 提供的 API（应用编程接口，Application Programming Interface）。

> **注意：** 阅读本节时，读者只需要了解 OSAL 提供了哪些 API 函数即可，暂时不需要关注该函数的具体使用方法，很多函数使用几次后，自然就熟悉了。

总体而言，OSAL 提供了以下 8 个方面的 API：
- 消息管理；
- 任务同步；
- 时间管理；
- 中断管理；
- 任务管理；
- 内存管理；
- 电源管理；
- 非易失性闪存管理。

下面，选取部分典型的 API 进行讲解。

① 消息管理 API　消息管理有关的 API 主要用于处理任务间消息的交换，主要包括为任务分配消息缓存、释放消息缓存、接收消息和发送消息等 API 函数。

`osal_msg_allocate( )`

函数原型：uint8 *osal_msg_allocate(uint16 len)

功能描述：为消息分配缓存空间。

`osal_msg_deallocate( )`

函数原型：uint8 osal_msg_deallocate(uint8 *msg_ptr)

功能描述：释放消息的缓存空间。

`osal_msg_send( )`

函数原型：uint8 osal_msg_send(uint8 destination_task, uint8 *msg_ptr)

功能描述：一个任务发送消息到消息队列。

`osal_msg_receive( )`

函数原型：uint8 *osal_msg_receive(uint8 task_id)

功能描述：一个任务从消息队列接收属于自己的消息。

② 任务同步 API　任务同步 API 主要用于任务间的同步，允许一个任务等待某个事件的发生。

`osal_set_event( )`

函数原型：uint8 osal_set_event(uint8 task_id, uint16 event_flag)

功能描述：运行一个任务设置某一事件。

③ 时间管理 API　时间管理 API 用于开启和关闭定时器，定时时间一般为毫秒级定时，使用该 API，用户不必关心底层定时器是如何初始化的，只需要调用即可，在 ZigBee 协议栈物理层已经将定时器初始化了。

`osal_start_timerEx()`

函数原型：uint8 osal_start_timerEx(uint8 task_id, uint16 event_id, uint16 timeout_value)

功能描述：设置一个定时时间，定时时间到后，相应的事件被设置。

`osal_stop_timerEx()`

函数原型：uint8 osal_stop_timerEx(uint8 task_id, uint16 event_id)

功能描述：停止已经启动的定时器。

④ 中断管理 API　中断管理 API 主要用于控制中断的开启与关闭。一般很少使用，所以在此不赘述，如果用户需要相关的函数，请参考《OS Abstraction Layer Application Programming Interface》。

⑤ 任务管理 API　任务管理 API 主要功能是对 OSAL 进行初始化和启动，主要包括 osal_init_system()和 osal_start_system()。

`osal_init_system()`

函数原型：uint8 osal_init_system(void)

功能描述：初始化 OSAL，该函数是第一个被调用的 OSAL 函数。

`osal_start_system()`

函数原型：uint8 osal_start_system(void)

功能描述：该函数包含一个无限循环，它将查询所有的任务事件，如果有事件发生，则调用相应的事件处理函数，处理完该事件后，返回主循环继续检测是否有事件发生，如果开启了节能模式，则没有事件发生时，该函数将使处理器进入休眠模式，以降低系统功耗。

⑥ 内存管理 API　内存管理 API 用于在堆上分配缓冲区，这里需要注意：以下两个 API 函数一定要成对使用，防止产生内存泄漏。

`osal_mem_alloc()`

函数原型：void *osal_mem_alloc(uint16 size)

功能描述：在堆上分配指定大小的缓冲区。

`osal_mem_free()`

函数原型：void osal_mem_free(void *ptr)

功能描述：释放使用 osal_mem_alloc() 分配的缓冲区。

⑦ 电源管理 API　电源管理 API 主要是用于电池供电的 ZigBee 网络节点，在此不做讨论。

⑧ 非易失性闪存管理 API　非易失性闪存（Non-Volatile Memory，NV）管理 API 主要是添加了对非易失性闪存的管理函数，一般这里的非易失性闪存指的是系统的

Flash 存储器（也可以是 E2PROM），每个 NV 条目分配唯一的 ID 号。

osal_nv_item_init()

函数原型：byte osal_nv_item_init(uint16 id, uint16 len, void *buf);

功能描述：初始化 NV 条目，该函数检查是否存在 NV 条目，如果不存在，它将创建并初始化该条目。如果该条目存在，每次调用 osal_nv_read() 或 osal_nv_write() 函数对该条目进行读、写之前，都要调用该函数。

osal_nv_read()

函数原型：byte osal_nv_read(uint16 id, uint16 offset, uint16 len, void *buf)

功能描述：从 NV 条目中读取数据，可以读取整个条目的数据，也可以读取部分数据。

osal_nv_write()

函数原型：byte osal_nv_write(uint16 id, uint16 offset, uint16 len, void *buf);

功能描述：写数据到 NV 条目。

5.3 ZigBee 协议栈中串口应用详解

串口是开发板和用户电脑交互的一种工具，正确地使用串口对于 ZigBee 无线网络的学习具有较大的促进作用，使用串口的基本步骤：

① 初始化串口，包括设置波特率、中断等；

② 向发送缓冲区发送数据或者从接收缓冲区读取数据。

上述方法是使用串口的常用方法，但是由于 ZigBee 协议栈的存在，使得串口的使用略有不同，在 ZigBee 协议栈中已经对串口初始化所需要的函数进行了实现，用户只需要传递几个参数就可以使用串口，此外，ZigBee 协议栈还实现了串口的读取函数和写入函数。

因此，用户在使用串口时，只需要掌握 ZigBee 协议栈提供的串口操作相关的三个函数即可。ZigBee 协议栈中提供的与串口操作有关的三个函数为：

- uint8 HalUARTOpen(uint8 port, halUARTCfg_t *config);
- uint16 HalUARTRead(uint8 port, uint8 *buf, uint16 len);
- uint16 HalUARTWrite(uint8 port, uint8 *buf, uint16 len)。

在此先不对上述函数进行原理性介绍❶，先通过一个具体的例子展示一下上述函数的使用方法，或许使用过这些函数后，自然而然地就理解了。

---

❶ 这是笔者推荐的学习方法，即遇到新的函数、新的知识点，先尝试着去使用，或者查找相关的例子去看别人是如何使用的，这样通过实验，建立了感性的认识，然后再尝试着去看这些函数的源代码，根据实验现象去观察每个参数的具体含义。

5.3.1 串口收发基础实验

本节实验还是建立在第 4 章中讲解点对点通信时所使用的工程，主要是对 Coordinator.c 文件进行改动就可以实现串口的收发。

修改 Coordinator.c 文件，修改后的内容如下（新增加的部分以加粗字体显示）：

```
#include "OSAL.h"
#include "AF.h"
#include "ZDApp.h"
#include "ZDObject.h"
#include "ZDProfile.h"
#include <string.h>
#include "Coordinator.h"
#include "DebugTrace.h"

#if !defined( WIN32 )
  #include "OnBoard.h"
#endif

#include "hal_lcd.h"
#include "hal_led.h"
#include "hal_key.h"
#include "hal_uart.h"

const cId_t GenericApp_ClusterList[GENERICAPP_MAX_CLUSTERS] =
{
  GENERICAPP_CLUSTERID
};

const SimpleDescriptionFormat_t GenericApp_SimpleDesc =
{
  GENERICAPP_ENDPOINT,
  GENERICAPP_PROFID,
  GENERICAPP_DEVICEID,
  GENERICAPP_DEVICE_VERSION,
  GENERICAPP_FLAGS,
  GENERICAPP_MAX_CLUSTERS,
  (cId_t *)GenericApp_ClusterList,
  0,
  (cId_t *)NULL
};
```

```
    endPointDesc_t GenericApp_epDesc;
    byte GenericApp_TaskID;
    byte GenericApp_TransID;
    unsigned char uartbuf[128] ;

    void GenericApp_MessageMSGCB( afIncomingMSGPacket_t *pckt );
    void GenericApp_SendTheMessage( void );
    static void rxCB(uint8 port,uint8 event) ;

    void GenericApp_Init( byte task_id )
    {
        halUARTCfg_t uartConfig;
        GenericApp_TaskID                = task_id;
        GenericApp_TransID               = 0;
        GenericApp_epDesc.endPoint       = GENERICAPP_ENDPOINT;
        GenericApp_epDesc.task_id        = &GenericApp_TaskID;
        GenericApp_epDesc.simpleDesc     =
                            (SimpleDescriptionFormat_t *)&GenericApp_
                            SimpleDesc;
        GenericApp_epDesc.latencyReq     = noLatencyReqs;
        afRegister( &GenericApp_epDesc );

    1   uartConfig.configured            = TRUE;
    2   uartConfig.baudRate              = HAL_UART_BR_115200;
    3   uartConfig.flowControl           = FALSE;
    4   uartConfig.callBackFunc          = rxCB ;
    5   HalUARTOpen (0, &uartConfig);
    }
```

上述代码大部分都在第 4 章中进行了讲解,下面只是着重讲解一下新增加的部分代码。

ZigBee 协议栈中对串口的配置是使用一个结构体来实现的,该结构体为 halUARTCfg_t,在此不必关心该结构体的具体定义形式,只需要对其功能有个了解,该结构体将串口初始化有关的参数集合在了一起,例如波特率、是否打开串口、是否使用流控等,用户只需要将各个参数初始化就可以。

最后使用 HalUARTOpen() 函数对串口进行初始化,注意,该函数将 halUARTCfg_t 类型的结构体变量作为参数,因为 halUARTCfg_t 类型的结构体变量已经包含了串口初始化相关的参数,所以,将这些参数传递给 HalUARTOpen()函数,HalUARTOpen()函数使用这些参数对串口进行了初始化。

```
    UINT16 GenericApp_ProcessEvent( byte task_id, UINT16 events )
    {
    }
```

该函数是一个空函数，因为本实验并没有进行事件处理，所以没有实现任何代码。

```
static void rxCB(uint8 port,uint8 event)
{
1   HalUARTRead(0, uartbuf,16) ;
2   if(osal_memcmp(uartbuf,"www.wlwmaker.com",16))
3   {
4       HalUARTWrite(0, uartbuf,16) ;
5   }
}
```

第 1 行，调用 HalUARTRead()函数，从串口读取数据并将其存放在 uartbuf 数组中。

第 2 行，使用 osal_memcmp()函数判断接收到的数据是否是字符串"www.wlwmaker.com"，如果是该字符串，在 osal_memcmp()函数返回 TURE，执行第 4 行。

第 4 行，调用 HalUARTWrite()函数将接收到的字符输出到串口。

注意，osal_memcmp()函数经常使用。

上述函数是一个回调函数，什么是回调函数呢？

回调函数就是一个通过函数指针（函数地址）调用的函数。如果把函数的指针（也即函数的地址）作为参数传递给另一个函数，当通过这个指针调用它所指向的函数时，称为函数的回调。

在第 4 行代码处，将 rxCB()传递给了 uartConfig 的成员函数 callBackFunc，其中 callBackFunc 的定义为：

```
halUARTCBack_t      callBackFunc;
```

而 halUARTCBack_t 的定义为：

```
typedef void (*halUARTCBack_t) (uint8 port, uint8 event);
```

这就是定义了一个函数指针！

小技巧：部分读者可能对函数指针的定义形式不熟悉，可以尝试着以下面的方式理解。常用的定义形式如下：

```
typedef uint  unsigned int
```

则如下两种定义变量的方式等价：

```
unit num ;
unsigned int num ;
```

按照这种理解方式，或许函数指针的定义形式改为如下形式更好理解：

```
typedef halUARTCBack_t void (*) (uint8 port, uint8 event);
```

当然这只是帮助读者理解的一种方式而已。

因此，第 4 行代码处，将 rxCB()传递给了 uartConfig 变量的 callBackFunc 成员函数，实现了"把函数的指针（也即函数的地址）作为参数传递给另一个函数"，这样就可以通过 callBackFunc 成员函数来调用 rxCB()函数了。

此外，回调函数不是由该函数的实现方直接调用的，而是在特定的事件或条件发生时，由另外的一方调用的，用于对该事件或条件进行响应。

回调函数机制提供了系统对异步事件的处理能力。首先将异步事件发生时需要执行的代码编写成一个函数，并将该函数注册成为回调函数，这样当该异步事件发生时，系统会自动调用事先注册好的回调函数，回调函数的注册实际上就是将回调函数的信息填写到一个用于注册回调函数的结构体变量中。

在程序中使用回调函数有以下几个步骤：

① 定义一个回调函数；

② 在初始化时，提供函数实现的一方将回调函数的函数指针传递给调用者；

③ 当特定的事件或条件发生的时候，调用者使用函数指针调用回调函数对事件进行处理。

回调函数，顾名思义需要调用者对函数进行回调，到底是什么时候回调的呢？

先把此问题放一下，先看一下上述代码的执行情况，然后再对回调进行讲解。顺便说一句，只要将函数的回调机制理解清楚，可以说 ZigBee 协议栈的开发将变得简单了，因为串口操作有回调函数，定时器操作有回调函数，按键操作也有回调函数……

5.3.2 实例测试

按照第 4 章讲解的方法，将程序编译下载到 CC2530-EB 开发板，将串口调试助手设置，如图 5-6 所示。

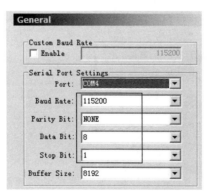

图 5-6　串口调试助手设置

串口调试助手主界面如图 5-7 所示，在输入栏中输入一串字符如"www.wlwmaker.com"，单击"Send"按钮，咦？接收栏并没有显示任何字符！

什么原因呢？程序有问题吗？经过前文的讲解，程序应该是没有问题的，用户通过串口输入数据后，读取串口的数据，然后将其发送到 PC 机的串口，那为什么接收不到数据呢？

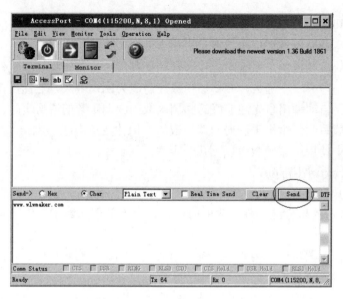

图 5-7　串口调试助手主界面

这是由于 ZigBee 协议栈使用了条件编译，打开 Zmain.c 文件，找到 main()函数，main()函数原型如下：

```
int main( void )
{
    osal_int_disable( INTS_ALL );
    HAL_BOARD_INIT();
    zmain_vdd_check();
    InitBoard( OB_COLD );
    HalDriverInit();
    osal_nv_init( NULL );
    ZMacInit();
    zmain_ext_addr();
    zgInit();

    #ifndef NONWK
        afInit();
    #endif

    osal_init_system();
    osal_int_enable( INTS_ALL );
    InitBoard( OB_READY );
    zmain_dev_info();

    #ifdef LCD_SUPPORTED
        zmain_lcd_init();
```

```
#endif

#ifdef WDT_IN_PM1
    WatchDogEnable( WDTIMX );
#endif

    osal_start_system();
    return 0;
}
```

在main()函数中可以找到对HalDriverInit()函数的调用,右键单击HalDriverInit()函数,在弹出的下拉菜单中选择"Go to definition of HalDriverInit",如图5-8所示,即可跳转到HalDriverInit()函数的定义处。

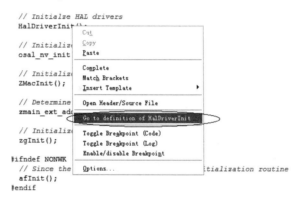

图5-8 在弹出的下拉菜单中选择"Go to definition of HalDriverInit"

HalDriverInit()函数的定义如下:

```
void HalDriverInit (void)
{
    #if (defined HAL_TIMER) && (HAL_TIMER == TRUE)
        HalTimerInit();
    #endif

    #if (defined HAL_ADC) && (HAL_ADC == TRUE)
        HalAdcInit();
    #endif

    #if (defined HAL_DMA) && (HAL_DMA == TRUE)
        HalDmaInit();
    #endif

    #if (defined HAL_FLASH) && (HAL_FLASH == TRUE)
        HalFlashInit();
    #endif
```

```
    #if (defined HAL_AES) && (HAL_AES == TRUE)
        HalAesInit();
    #endif

    #if (defined HAL_LCD) && (HAL_LCD == TRUE)
        HalLcdInit();
    #endif

    #if (defined HAL_LED) && (HAL_LED == TRUE)
        HalLedInit();
    #endif

    #if (defined HAL_UART) && (HAL_UART == TRUE)
        HalUARTInit();
    #endif

    #if (defined HAL_KEY) && (HAL_KEY == TRUE)
        HalKeyInit();
    #endif
}
```

可见，使用 UART 时需要定义 HAL_UART 宏，并且将其值赋值为 TRUE，在 IAR 开发环境中，可以使用如下方法打开对 UART 的宏定义。

在 GenericApp-Coordinator 工程上右键单击，在弹出的下拉菜单中选择"Options"，如图 5-9 所示。

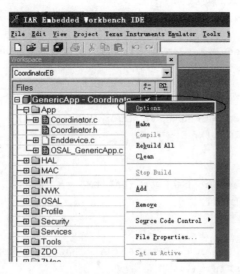

图 5-9　在弹出的下拉菜单中选择"Options"

此时会弹出 Options for node "GenericApp" 主窗口，如图 5-10 所示。

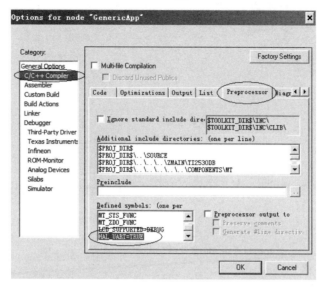

图 5-10　弹出 Options for node "GenericApp"主窗口

选择 C/C++ Compiler 标签，在窗口右边选择 Preprocessor 标签，然后在 Defined symbols 下拉列表框中输入 "HAL_UART=TRUE"，最后单击 "OK" 按钮即可。

注意：
> 上述方法适用于其他模块，如 LCD 模块，如果用户不需要 LCD 显示数据，则可以选择 C/C++ Compiler 标签，在窗口右边选择 Preprocessor 标签，然后在 Defined symbols 下拉列表框中输入 "HAL_LCD=FALSE"，这样在编译时就不会编译与 LCD 有关的程序。因为单片机的存储器资源十分有限，所以才使用条件编译来控制不同的模块是否参与编译。

此时，将程序编译下载到 CC2530-EB 开发板，按照前文讲解的方法正确设置串口调试助手，从发送栏输入 "www.wlwmaker.com"，然后单击 "Send" 按钮，此时，在接收栏接收到了开发板发送过来的数据，串口收发实验测试效果图如图 5-11 所示。

5.3.3　串口工作原理剖析

注意：
> 本节内容读者可以有选择的阅读，内容涉及 DMA 部分的知识。

上述实验只是向读者展示了在 ZigBee 协议栈中串口的应用（或者说串口的配置），但是还有一些细节的问题没有讲解（虽然刚开始学习时可以将这些问题忽略，但是也需要将这些问题的工作原理理解清楚），例如下述几个问题：
- 在 ZigBee 协议栈中，halUARTCfg_t 结构体是如何定义的；
- 串口是如何初始化的；

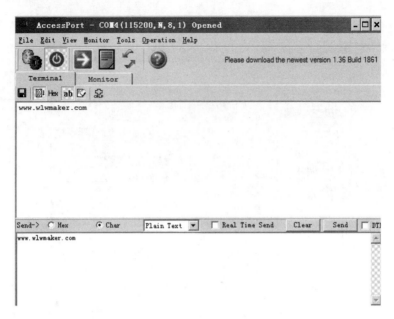

图 5-11 串口收发实验测试效果图

- 发送给串口的数据是如何接收的；
- 串口是如何向 PC 机发送数据的。

这些问题涉及上述实验中使用到的三个函数：HalUARTOpen()、HalUARTRead()、HalUARTWrite()，可以说，将这三个函数理解透彻，ZigBee 协议栈中的串口应用就很简单。

首先需要理解的问题是串口是什么时候被初始化的。下面看一下 HalUART-Open()函数做了哪些事情，HalUARTOpen()函数原型如下：

```
uint8 HalUARTOpen(uint8 port, halUARTCfg_t *config)
{
    (void)port;
    (void)config;

#if (HAL_UART_DMA == 1)
    if (port == HAL_UART_PORT_0)  HalUARTOpenDMA(config);
#endif
#if (HAL_UART_DMA == 2)
    if (port == HAL_UART_PORT_1)  HalUARTOpenDMA(config);
#endif
#if (HAL_UART_ISR == 1)
    if (port == HAL_UART_PORT_0)  HalUARTOpenISR(config);
#endif
#if (HAL_UART_ISR == 2)
```

```
            if (port == HAL_UART_PORT_1)   HalUARTOpenISR(config);
        #endif
        #if (HAL_UART_USB)
            HalUARTOpenUSB(config);
        #endif

    return HAL_UART_SUCCESS;
}
```

该函数实际上是调用了 HalUARTOpenDMA 函数，HalUARTOpenDMA 函数原型如下（省略了部分无关的代码）：

```
static void HalUARTOpenDMA(halUARTCfg_t *config)
{
  dmaCfg.uartCB = config->callBackFunc;
    ……
    if (config->baudRate == HAL_UART_BR_57600 ||
      config->baudRate == HAL_UART_BR_115200)
  {
    UxBAUD = 216;
  }
  else
  {
    UxBAUD = 59;
  }
  switch (config->baudRate)
  {
    case HAL_UART_BR_9600:
      UxGCR = 8;
      dmaCfg.txTick = 35;
      break;

    case HAL_UART_BR_19200:
      UxGCR = 9;
      dmaCfg.txTick = 18;
      break;

    case HAL_UART_BR_38400:
      UxGCR = 10;
      dmaCfg.txTick = 9;
      break;

    case HAL_UART_BR_57600:
      UxGCR = 10;
```

```
        dmaCfg.txTick = 6;
        break;

     default://串口默认波特率是115200
        UxGCR = 11;
        dmaCfg.txTick = 3;
        break;
  }
……
   dmaCfg.rxBuf[0] = *(volatile uint8 *)DMA_UDBUF;
   HAL_DMA_CLEAR_IRQ(HAL_DMA_CH_RX);
   HAL_DMA_ARM_CH(HAL_DMA_CH_RX);
   osal_memset(dmaCfg.rxBuf, (DMA_PAD ^ 0xFF),
   HAL_UART_DMA_RX_MAX*2);

……
}
```

需要注意的是，在 ZigBee 协议栈中，TI 采用的方法是将串口和 DMA 结合起来使用，这样可以降低 CPU 的负担。

该函数有个 halUARTCfg_t 类型的参数，halUARTCfg_t 的定义为：

```
typedef struct
{
   bool                 configured;
   uint8                baudRate;
   bool                 flowControl;
   uint16               flowControlThreshold;
   uint8                idleTimeout;
   halUARTBufControl_t rx;
   halUARTBufControl_t tx;
   bool                 intEnable;
   uint32               rxChRvdTime;
   halUARTCBack_t       callBackFunc;
}halUARTCfg_t;
```

其中，halUARTCBack_t 为：

```
typedef void (*halUARTCBack_t) (uint8 port, uint8 event);
```

这显然是一个函数指针。

halUARTCfg_t 结构体较为复杂，一般不需要使用串口的硬件流控，所以很多与流控相关的不需要关注（因为跟早期版本的协议栈保持兼容，所以该结构体保留了很多无关的参数），一般的应用，只需要关注加粗字体部分的三个参数即可。

在 HalUARTOpenDMA()函数中对串口的波特率进行了初始化，同时对 DMA 接收缓冲区进行了初始化。

在波特率初始化过程中，UxBAUD 和 UxGCR 的值可以从 CC2530 数据手册中查找到对应的初始化值，常用波特率设置（系统时钟为 32MHz）如表 5-3 所示。

表 5-3 常用波特率设置（系统时钟为 32MHz）

波特率	UxBAUD	UxGCR
9600	59	8
19200	59	9
38400	59	10
57600	216	10
115200	216	11

根据 halUARTCfg_t 结构体中的成员变量 baudRate 在初始化时设定的波特率，参考表 5-3 中 UxBAUD 和 UxGCR 的值，使用 switch-case 语句就可以完成串口波特率的初始化。

当然在程序的最后还完成了 DMA 的部分初始化工作，正因为有 TI 的 ZigBee 协议栈将串口和 DMA 结合在一起，所以使用户理解起来较为困难，下面对 DMA 的实现机理进行讲解。

在 ZigBee 协议栈中，开辟了 DMA 发送缓冲区和接收缓冲区，用户通过串口调试助手向串口发送数据时，数据首先存放在 DMA 接收缓冲区，然后用户调用 HalUARTRead()函数进行读取时，实际上是读取 DMA 缓冲区中的数据，HalUARTRead()函数原型如下：

```
uint16 HalUARTRead(uint8 port, uint8 *buf, uint16 len)
{
    (void)port;
    (void)buf;
    (void)len;

#if (HAL_UART_DMA == 1)
    if (port == HAL_UART_PORT_0)  return HalUARTReadDMA
    (buf,len);
#endif
#if (HAL_UART_DMA == 2)
    if (port == HAL_UART_PORT_1)  return HalUARTReadDMA(buf,
    len);
#endif
#if (HAL_UART_ISR == 1)
    if (port == HAL_UART_PORT_0)  return HalUARTReadISR(buf,
    len);
#endif
```

```
    #if (HAL_UART_ISR == 2)
        if (port == HAL_UART_PORT_1) return HalUARTReadISR(buf,
        len);
    #endif

    #if HAL_UART_USB
        return HalUARTRx(buf, len);
    #else
        return 0;
    #endif
}
```

该函数实际上是调用了 HalUARTReadDMA()函数，如加粗字体部分所示。

当用户调用 HalUARTWrite()函数发送数据时，实际上是将数据写入 DMA 发送缓冲区，然后 DMA 自动将发送缓冲区中的数据通过串口发送给 PC 机，HalUARTWrite()函数原型如下：

```
uint16 HalUARTWrite(uint8 port, uint8 *buf, uint16 len)
{
    (void)port;
    (void)buf;
    (void)len;
    #if (HAL_UART_DMA == 1)
        if (port == HAL_UART_PORT_0) return HalUARTWriteDMA
        (buf, len);
    #endif
    #if (HAL_UART_DMA == 2)
        if (port == HAL_UART_PORT_1) return HalUARTWriteDMA
        (buf, len);
    #endif
    #if (HAL_UART_ISR == 1)
        if (port == HAL_UART_PORT_0) return HalUARTWriteISR(buf,
        len);
    #endif
    #if (HAL_UART_ISR == 2)
        if (port == HAL_UART_PORT_1) return HalUARTWriteISR(buf,
        len);
    #endif

    #if HAL_UART_USB
        HalUARTTx(buf, len);
```

```
        return len;
#else
        return 0;
#endif
}
```
该函数实际上是调用了 HalUARTWriteDMA()函数，如加粗字体部分所示。

> **注意：** 上述只是从原理上对串口 DMA 机制进行的分析，具体的实现细节请读者参考协议栈源代码进行理解，在使用 DMA 时开辟了接收缓冲区和发送缓冲区，因此还涉及数据缓冲区数据满、缓冲区数据空、缓冲区是否有新数据等检测，读者可以从这些方面去理解代码的实现细节。

5.4 ZigBee 协议栈串口应用扩展实验

前面实验讲解了 ZigBee 协议栈中串口使用的基本方法，下面对上述实验进行适当的扩展，通过该实验的学习，希望读者能够进一步熟悉 ZigBee 协议栈中串口的使用方法。

5.4.1 实验原理及流程图

该实验的基本原理：协调器建立 ZigBee 无线网络，终端节点自动加入该网络中，然后终端节点周期性地向协调器发送字符串"EndDevice"，协调器收到该字符串后，通过串口将其输出到用户 PC 机，实验效果图如图 5-12 所示。

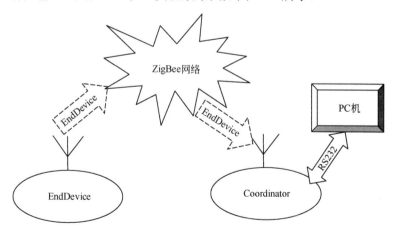

图 5-12　实验效果图

串口扩展实验协调器流程图如图 5-13 所示。
串口扩展实验终端节点流程图如图 5-14 所示。

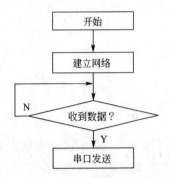
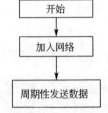

图 5-13　串口扩展实验协调器流程图　　图 5-14　串口扩展实验终端节点流程图

5.4.2　协调器编程

在 ZigBee 无线传感器网络中有三种设备类型：协调器、路由器和终端节点，设备类型是由 ZigBee 协议栈不同的编译选项来选择的。协调器负责网络是组建、维护、控制终端节点的加入等任务。路由器负责数据包的路由选择，终端节点负责数据的采集，不具备路由功能。

本实验是在第 4 章点对点通信实验基础上进行的修改，所以，代码改动不大，Coordinator.h 文件内容保持不变，修改 Coordinator.c 文件，修改后内容如下：

```
#include "OSAL.h"
#include "AF.h"
#include "ZDApp.h"
#include "ZDObject.h"
#include "ZDProfile.h"
#include <string.h>
#include "Coordinator.h"
#include "DebugTrace.h"

#if !defined( WIN32 )
  #include "OnBoard.h"
#endif

#include "hal_lcd.h"
#include "hal_led.h"
#include "hal_key.h"
#include "hal_uart.h"

const cId_t GenericApp_ClusterList[GENERICAPP_MAX_CLUSTERS] =
{
  GENERICAPP_CLUSTERID
};
```

```
const SimpleDescriptionFormat_t GenericApp_SimpleDesc =
{
  GENERICAPP_ENDPOINT,
  GENERICAPP_PROFID,
  GENERICAPP_DEVICEID,
  GENERICAPP_DEVICE_VERSION,
  GENERICAPP_FLAGS,
  GENERICAPP_MAX_CLUSTERS,
  (cId_t *)GenericApp_ClusterList,
  0,
  (cId_t *)NULL
};

endPointDesc_t GenericApp_epDesc;
byte GenericApp_TaskID;
byte GenericApp_TransID;
//unsigned char uartbuf[128] ;//将这一行注释掉

void GenericApp_MessageMSGCB( afIncomingMSGPacket_t *pckt );
void GenericApp_SendTheMessage( void );
//static void rxCB(uint8 port,uint8 event) ;  //将这一行注释掉

void GenericApp_Init( byte task_id )
{
    halUARTCfg_t uartConfig;
    GenericApp_TaskID              = task_id;
    GenericApp_TransID             = 0;
    GenericApp_epDesc.endPoint     = GENERICAPP_ENDPOINT;
    GenericApp_epDesc.task_id      = &GenericApp_TaskID;
    GenericApp_epDesc.simpleDesc   =
                    (SimpleDescriptionFormat_t *)&GenericApp_
                    SimpleDesc;
    GenericApp_epDesc.latencyReq   = noLatencyReqs;
    afRegister( &GenericApp_epDesc );

    uartConfig.configured          = TRUE;
    uartConfig.baudRate            = HAL_UART_BR_115200;
    uartConfig.flowControl         = FALSE;
    uartConfig.callBackFunc        = NULL ;
    HalUARTOpen (0, &uartConfig);
}
```
需要注意的是，在串口配置部分，回调函数不需要了，所以设置为"NULL"即可。
```
UINT16 GenericApp_ProcessEvent( byte task_id, UINT16 events )
{
```

```
    afIncomingMSGPacket_t *MSGpkt;
    if ( events & SYS_EVENT_MSG )
    {
        MSGpkt = (afIncomingMSGPacket_t *)osal_msg_receive( GenericApp
        _TaskID );
        while ( MSGpkt )
        {
            switch ( MSGpkt->hdr.event )
            {
                case AF_INCOMING_MSG_CMD:
                    GenericApp_MessageMSGCB( MSGpkt );
                    break;

                default:
                    break;
            }
            osal_msg_deallocate( (uint8 *)MSGpkt );
            MSGpkt = (afIncomingMSGPacket_t *)osal_msg_receive( GenericApp_
            TaskID );
        }
        return (events ^ SYS_EVENT_MSG);
    }
    return 0;
}
```

上述代码是消息处理函数，该函数大部分代码是固定的，不需要读者修改，只需要熟悉这种格式即可，唯一需要读者修改的代码是 GenericApp_MessageMSGCB() 函数，读者可以修改该函数的实现形式，但是其功能基本都是完成对接收数据的处理。

当协调器收到终端节点发送来的数据后，首先使用 osal_msg_receive() 函数，从消息队列接收到消息，然后调用 GenericApp_MessageMSGCB() 函数，因此，需要从 GenericApp_MessageMSGCB() 函数中将接收到的数据通过串口发送给 PC 机。

```
void GenericApp_MessageMSGCB( afIncomingMSGPacket_t *pkt )
{
    unsigned char buffer[10] ;
    switch ( pkt->clusterId )
    {
        case GENERICAPP_CLUSTERID:
            osal_memcpy(buffer,pkt->cmd.Data,10);
            HalUARTWrite(0,buffer,10) ;
            break;
    }
}
```

使用 osal_memcpy()函数,将接收到的数据拷贝到 buffer 数组中,然后就可以将该数据通过串口发送给 PC 机。

> **注意:** 为什么从消息队列接收到的消息中包含发送过来的数据呢?接收到的数据存在什么地方呢?pkt->cmd.Data 是存放接受数据的首地址,这又是什么原因呢?请阅读本章扩展阅读之二。

在本实验中没有用到串口的回调函数,所以需要将串口回调函数 rxCB 注释掉。

```
/*
static void rxCB(uint8 port,uint8 event)
{
    uint8 num ;
    num = HalUARTRead(0,uartbuf,128) ;
    HalUARTWrite(0,uartbuf,num) ;
}
*/
```

5.4.3 终端节点编程

因为终端节点加入网络后,需要周期性地向协调器发送数据,怎么实现周期性的发送数据呢?这里需要使用到 ZigBee 协议栈里面的一个定时函数 osal_start_timerEx(),该函数可以实现毫秒级的定时,定时时间到达后发送数据到协调器,发送完数据后,再定时一段时间,定时时间到达后,发送数据到协调器,这样就实现了数据的周期性发送。

osal_start_timerEx()函数原型如下:

```
uint8 osal_start_timerEx( uint8 taskID, uint16 event_id, uint16 timeout_value )
```

在 osal_start_timerEx()函数中,有三个参数:
- uint8 taskID——该参数表明定时时间到达后,哪个任务对其作出响应;
- uint16 event_id——该参数是一个事件 ID,定时时间到达后,该事件发生,因此需要添加一个新的事件,该事件发生则表明定时时间到达,因此可以在该事件的事件处理函数中实现数据发送;
- uint16 timeout_value——定时时间由 timeout_value(以毫秒为单位)参数确定。

添加新事件的方法是:在 Enddevice.c 文件中添加如下宏定义。

```
#define SEND_DATA_EVENT    0x01
```

这样就添加了一个新事件 SEND_DATA_EVENT,该事件的 ID 是 0x01。

这时,就可以使用 osal_start_timerEx()函数设置定时器了,如:

```
osal_start_timerEx(GenericApp_TaskID, SEND_DATA_EVENT, 1000)
```

即定时 1s 的时间,定时时间到达后,事件 SEND_DATA_EVENT 发生。

接下来是添加对该事件的事件处理函数,可以使用如下方法:

```
    if (events & SEND_DATA_EVENT)
    {
        GenericApp_SendTheMessage() ;
        osal_start_timerEx(GenericApp_TaskID,SEND_DATA_EVENT,1000);
        return (events ^ SEND_DATA_EVENT);
    }
```

如果事件 SEND_DATA_EVENT 发生，则 events & SEND_DATA_EVENT 非零，条件成立则执行 GenericApp_SendTheMessage()函数，向协调器发送数据，发送完数据后再定时 1s，同时清除 SEND_DATA_EVENT 事件。清除事件的方法是：

```
events ^ SEND_DATA_EVENT
```

定时时间到达后，还会继续上述处理，这样就实现了周期性发送数据。

因此，修改 Enddevice.c 文件内容如下：

```
#include "OSAL.h"
#include "AF.h"
#include "ZDApp.h"
#include "ZDObject.h"
#include "ZDProfile.h"
#include <string.h>
#include "Coordinator.h"
#include "DebugTrace.h"

#if !defined( WIN32 )
#include "OnBoard.h"
#endif

#include "hal_lcd.h"
#include "hal_led.h"
#include "hal_key.h"
#include "hal_uart.h"

#define SEND_DATA_EVENT 0x01

const cId_t GenericApp_ClusterList[GENERICAPP_MAX_CLUSTERS] =
{
GENERICAPP_CLUSTERID
};

const SimpleDescriptionFormat_t GenericApp_SimpleDesc =
{
GENERICAPP_ENDPOINT,
GENERICAPP_PROFID,
GENERICAPP_DEVICEID,
GENERICAPP_DEVICE_VERSION,
```

```
GENERICAPP_FLAGS,
0,
(cId_t *)NULL,
GENERICAPP_MAX_CLUSTERS,
(cId_t *)GenericApp_ClusterList
};
```
说明：初始化端口描述符。
```
endPointDesc_t GenericApp_epDesc;
byte GenericApp_TaskID;
byte GenericApp_TransID;
devStates_t GenericApp_NwkState;
void GenericApp_MessageMSGCB( afIncomingMSGPacket_t *pckt );
void GenericApp_SendTheMessage( void );
```
说明：上述代码对程序中使用到的变量进行了定义，同时声明了两个函数。
```
void GenericApp_Init( byte task_id )
{
    GenericApp_TaskID            = task_id;
    GenericApp_NwkState          = DEV_INIT;
    GenericApp_TransID           = 0;
    GenericApp_epDesc.endPoint   = GENERICAPP_ENDPOINT;
    GenericApp_epDesc.task_id    = &GenericApp_TaskID;
    GenericApp_epDesc.simpleDesc =
    (SimpleDescriptionFormat_t *)&GenericApp_SimpleDesc;
    GenericApp_epDesc.latencyReq = noLatencyReqs;
    afRegister( &GenericApp_epDesc );
}
```
说明：上述代码是任务初始化函数。
```
UINT16 GenericApp_ProcessEvent( byte task_id, UINT16 events )
{
    afIncomingMSGPacket_t *MSGpkt;
    if ( events & SYS_EVENT_MSG )
    {
        MSGpkt = (afIncomingMSGPacket_t *)osal_msg_receive( GenericA-
        pp_TaskID );
        while ( MSGpkt )
        {
        switch ( MSGpkt->hdr.event )
        {
            case ZDO_STATE_CHANGE:
                GenericApp_NwkState = (devStates_t)(MSGpkt->hdr.
                status);
                if (GenericApp_NwkState == DEV_END_DEVICE)
                {
                osal_set_event(GenericApp_TaskID,SEND_DATA_EVENT) ;
```

```
                }
                break;
            default:
            break;
        }

            osal_msg_deallocate( (uint8 *)MSGpkt );
            MSGpkt =
        (afIncomingMSGPacket_t *)osal_msg_receive( GenericApp_
        TaskID );
        }
        return (events ^ SYS_EVENT_MSG);
    }
    if (events & SEND_DATA_EVENT)
    {
        GenericApp_SendTheMessage() ;
        osal_start_timerEx(GenericApp_TaskID,SEND_DATA_EVENT,1000);
        return (events ^ SEND_DATA_EVENT);
    }
    return 0;
}
```

说明：当终端节点加入网络后使用 osal_set_event()函数设置 SEND_DATA_EVENT 事件，osal_set_event()函数原型如下：

```
uint8 osal_set_event(uint8 task_id, uint16 event_flag )
```

使用该函数可以设置某一事件，事件发生后，执行事件处理函数。

```
if (events & SEND_DATA_EVENT)
{
    GenericApp_SendTheMessage() ;
    osal_start_timerEx(GenericApp_TaskID,SEND_DATA_EVENT,1000);
    return (events ^ SEND_DATA_EVENT);              //清除事件标志
}
```

说明：这是对该事件的处理，调用数据发送函数向协调器发送数据，然后设置定时时间，定时 1s。

```
void GenericApp_SendTheMessage( void )
{
    unsigned char theMessageData[10] = "EndDevice";
    afAddrType_t my_DstAddr;
    my_DstAddr.addrMode = (afAddrMode_t)Addr16Bit;   //单播发送
    my_DstAddr.endPoint = GENERICAPP_ENDPOINT;       //目的端口号
    my_DstAddr.addr.shortAddr = 0x0000;              //协调器网络地址
    AF_DataRequest( &my_DstAddr, &GenericApp_epDesc,
                    GENERICAPP_CLUSTERID,
                    osal_strlen("EndDevice")+1,
                    theMessageData,
                    &GenericApp_TransID,
```

```
                    AF_DISCV_ROUTE,
                    AF_DEFAULT_RADIUS ) ;
}
```

说明：在数据发送函数中，发送"EndDevice"到协调器，因为协调器的网络地址是 0x0000，所以直接调用数据发送函数 AF_DataRequest()即可，在该函数的参数中需要确定发送的目的地址、发送模式（单播、广播还是多播）以及目的端口号信息。

需要注意的是：osal_srtlen()函数返回字符串的实际长度，osal_srtlen()函数原型如下：

```
int osal_strlen( char *pString )
```

但是发送数据时，需要将字符串的结尾字符一起发送，所以需要将该返回值加 1，然后才是实际需要发送的字符数目，即 osal_strlen("EndDevice")+1。

5.4.4 实例测试

将程序下载 CC2530-EB 开发板，打开串口调试助手，波特率设为 115200，打开协调器、终端节点电源，实例测试效果图如图 5-15 所示。

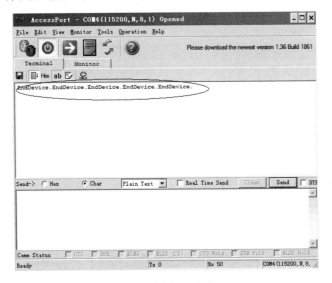

图 5-15　实例测试效果图

可见，终端节点每隔 1s 发送一次数据，协调器收到该数据后通过串口发送到 PC 机，实验效果已经达到了。

5.5　无线温度检测实验

经过前面的学习，基本实现了利用 ZigBee 协议栈进行数据传输的目标，在无线传感器网络中，大多数传感节点负责数据的采集工作，如温度、湿度、压力、烟雾浓度等信息,现在的问题是,传感器的数据如何与 ZigBee 无线网络结合起来构成真正意义上是无线传感器网络呢?或者说如何将读取的传感器数据利用 ZigBee 无线网络进行传输呢?下面通过一个简单的实验向读者展示一下传感器数据的采集、传输与显示基本流程。

5.5.1 实验原理及流程图

该实验的基本原理:协调器建立 ZigBee 无线网络,终端节点自动加入该网络中,然后终端节点周期性地采集温度数据并将其发送给协调器,协调器收到温度数据后,通过串口将其输出到用户 PC 机。无线温度检测实验效果图如图 5-16 所示。

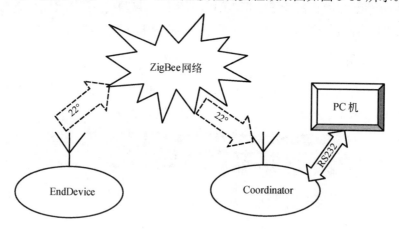

图 5-16　无线温度检测实验效果图

无线温度检测实验协调器流程图如图 5-17 所示。
无线温度检测实验终端节点流程图如图 5-18 所示。

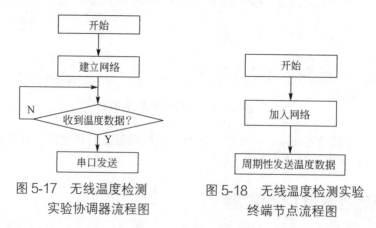

图 5-17　无线温度检测　　图 5-18　无线温度检测实验
　　实验协调器流程图　　　　　终端节点流程图

对于协调器而言,只需要将接收到的温度数据通过串口发送到 PC 机即可;对于终端节点而言,需要周期性地采集温度数据,采集温度数据可以通过读取温度传感器的数据得到。现在使用 ZigBee 协议栈，那么将温度采集程序放在协议栈的什么地方呢？下面针对上述问题进行讲解。

5.5.2 协调器编程

本实验与 5.4 节串口应用扩展实验使用的代码基本相同，需要修改的是接收数据部分，一般在具体项目开发过程中，通信双方需要提前定义好数据通信的格式，一般需要包含数据头、数据、校验位、数据尾等信息，为了讲解问题方便，在本实验中使用的数据包格式如表 5-4 所示。

表 5-4 数据包格式

数据包	数据头	温度数据十位	温度数据个位	数据尾
长度/字节	1	1	1	1
默认值	'&'	0	0	'C'

在项目开发过程中，使用到数据包时，一般会使用结构体来将整个数据包所需要的数据包含起来，这样编程效率较高，在本实验中使用的结构体定义如下：

```
typedef union h
{
    uint8 TEMP[4] ;
    struct RFRXBUF
    {
        unsigned char Head ;         //命令头
        unsigned char value[2] ;     //温度数据
        unsigned char Tail ;         //命令尾
    }BUF ;
}TEMPERATURE ;
```

使用一个共用体来表示整个数据包，里面有两个成员变量，一个是数组 TEMP，该数组有 4 个元素；另一个是结构体，该结构体具体实现了数据包的数据头、温度数据、数据尾。很容易发现，结构体所占的存储空间也是 4 个字节。

协调器编程时，只需要修改一下数据处理函数 GenericApp_MessageMSGCB 即可：

```
  void GenericApp_MessageMSGCB( afIncomingMSGPacket_t *pkt )
  {
1     unsigned char buffer[2] = { 0x0A,0x0D};    //回车换行符的ASCII码
2     TEMPERATURE temperature ;
      switch ( pkt->clusterId )
      {
          case GENERICAPP_CLUSTERID:
3             osal_memcpy(&temperature,pkt->cmd.Data,sizeof(tempera-
              ture));
```

```
    4          HalUARTWrite(0,(uint8 *)&temperature,sizeof(tempera-
               ture)) ;
    5          HalUARTWrite(0,buffer,2) ;
    6      break;
       }
}
```

第 1 行，数组 buffer 中存储的是回车换行符的 ASCII 码，主要是为了向串口发送一个回车换行符号。

第 2 行，定义了一个 TEMPERATURE 类型的变量 temperature，用于存储接收到的数据，因为发送时也是使用的 TEMPERATURE 类型的变量，所以接收时也使用该类型的变量，这样有利于数据的存储。

第 3 行，使用 osal_memcpy()函数，将接收到的数据拷贝到 temperature 中，此时 temperature 中便存储了接收到的数据包。

第 4 行，向串口发送数据包即可。注意 HalUARTWrite()函数原型如下：

```
uint16 HalUARTWrite(uint8 port, uint8 *buf, uint16 len)
```

可见，第二个参数是个 uint8 *类型的指针，而变量 temperature 是 TEMPERATURE 类型的，所以需要进行强制类型转换，即将(uint8 *)&temperature 作为第二个参数传递给 HalUARTWrite()函数。

第 5 行，向串口输出回车换行符。

Coordinator.c 文件内容如下（前文已经讲述过相关代码的含义，在此不做具体介绍）：

```
#include "OSAL.h"
#include "AF.h"
#include "ZDApp.h"
#include "ZDObject.h"
#include "ZDProfile.h"
#include <string.h>
#include "Coordinator.h"
#include "DebugTrace.h"

#if !defined( WIN32 )
  #include "OnBoard.h"
#endif

#include "hal_lcd.h"
#include "hal_led.h"
#include "hal_key.h"
#include "hal_uart.h"
```

```c
const cId_t GenericApp_ClusterList[GENERICAPP_MAX_CLUSTERS] =
{
  GENERICAPP_CLUSTERID
};

const SimpleDescriptionFormat_t GenericApp_SimpleDesc =
{
  GENERICAPP_ENDPOINT,
  GENERICAPP_PROFID,
  GENERICAPP_DEVICEID,
  GENERICAPP_DEVICE_VERSION,
  GENERICAPP_FLAGS,
  GENERICAPP_MAX_CLUSTERS,
  (cId_t *)GenericApp_ClusterList,
  0,
  (cId_t *)NULL
};


endPointDesc_t GenericApp_epDesc;

byte GenericApp_TaskID;
byte GenericApp_TransID;
//unsigned char uartbuf[128]=" ";                    //将这一行注释掉

void GenericApp_MessageMSGCB( afIncomingMSGPacket_t *pckt );
void GenericApp_SendTheMessage( void );
//static void rxCB(uint8 port,uint8 event) ;         //将这一行注释掉

void GenericApp_Init( byte task_id )
{
    halUARTCfg_t uartConfig;
    GenericApp_TaskID                = task_id;
    GenericApp_TransID               = 0;
    GenericApp_epDesc.endPoint       = GENERICAPP_ENDPOINT;
    GenericApp_epDesc.task_id        = &GenericApp_TaskID;
    GenericApp_epDesc.simpleDesc     =
                (SimpleDescriptionFormat_t *)&GenericApp_SimpleDesc;
    GenericApp_epDesc.latencyReq     = noLatencyReqs;
    afRegister( &GenericApp_epDesc );
```

```c
    uartConfig.configured       = TRUE;
    uartConfig.baudRate         = HAL_UART_BR_115200;
    uartConfig.flowControl      = FALSE;

    uartConfig.callBackFunc     = NULL ;
    HalUARTOpen (0, &uartConfig);
}
//以上是任务初始化函数
UINT16 GenericApp_ProcessEvent( byte task_id, UINT16 events )
{
    afIncomingMSGPacket_t *MSGpkt;
    if ( events & SYS_EVENT_MSG )
    {
    MSGpkt = (afIncomingMSGPacket_t *)osal_msg_receive( GenericApp_TaskID );
    while ( MSGpkt )
    {
      switch ( MSGpkt->hdr.event )
      {
        case AF_INCOMING_MSG_CMD:
            GenericApp_MessageMSGCB( MSGpkt );
            break;

        default:
          break;
      }

      osal_msg_deallocate( (uint8 *)MSGpkt );
      MSGpkt = (afIncomingMSGPacket_t *)osal_msg_receive( GenericApp_TaskID );
    }
    return (events ^ SYS_EVENT_MSG);
    }
    return 0;
}
//以上是事件处理函数
void GenericApp_MessageMSGCB( afIncomingMSGPacket_t *pkt )
{

    unsigned char buffer[2]  = { 0x0A,0x0D};
    TEMPERATURE temperature ;
```

```
        switch ( pkt->clusterId )
        {
            case GENERICAPP_CLUSTERID:
                osal_memcpy(&temperature,pkt->cmd.Data,sizeof(temeratu
                re));
                HalUARTWrite(0,(uint8*)&temperature,sizeof(temperature));
                HalUARTWrite(0,buffer,2)  ;
            break;
        }
}
```

5.5.3 终端节点编程

终端节点编程时,需要解决两个问题,将温度检测函数放在什么地方?如何发送温度数据?使用 ZigBee 协议栈进行无线传感器网络开发时,将传感器操作有关的函数(如读取传感器数据的函数)放在协议栈的 App 目录下,如图 5-19 所示。

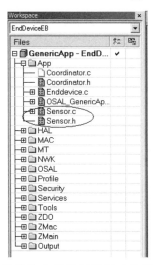

图 5-19 将传感器操作有关的函数放在协议栈的 App 目录下

温度测量模块包含两个文件:Sensor.h 和 Sensor.c,Sensor.h 文件中是对温度读取函数的声明,Sensor.c 文件是对温度读取函数的具体实现。

Sensor.h 文件内容如下:

```
#ifndef SENSOR_H
#define SENSOR_H
#include <hal_types.h>

extern int8 readTemp(void)  ;

#endif
```

其中 hal_types.h 文件中主要包含了一些使用 typedef 定义的数据类型（这是为了编程时书写方便），如：

```
typedef signed      char    int8;
typedef unsigned    char    uint8;
typedef signed      short   int16;
typedef unsigned    short   uint16;
```

Sensor.c 文件内容如下：

```
#include "Sensor.h"
#include <ioCC2530.h>

#define HAL_ADC_REF_115V    0x00
#define HAL_ADC_DEC_256     0x20
#define HAL_ADC_CHN_TEMP    0x0e

int8 readTemp(void)
{
    static uint16 reference_voltage ;
    static uint8 bCalibrate = TRUE ;
    uint16 value ;
    int8 temp ;

    ATEST = 0x01;         //使能温度传感器
    TR0  |= 0x01;         //连接温度传感器
    ADCIF = 0 ;
    ADCCON3 = (HAL_ADC_REF_115V | HAL_ADC_DEC_256 |HAL_ADC_CHN_TEMP) ;
    while ( !ADCIF ) ;
    ADCIF = 0 ;
    value = ADCL ;
    value |= ((uint16) ADCH) << 8 ;
    value >>= 4 ;

    if(bCalibrate)        //记录第一次读取的温度值，用于校正温度数据
    {
        reference_voltage=value ;
        bCalibrate=FALSE ;
    }
    temp = 22 + ( (value - reference_voltage)/4 );  //温度校正函数
    return temp;
}
```

CC2530 单片机内部有温度传感器，使用该温度传感器的步骤：
① 使能温度传感器；

第 5 章 ZigBee 无线传感器网络提高

② 连接温度传感器到 ADC。

然后，就可以初始化 ADC，确定参考电压、分辨率等，最后启动 ADC 读取温度数据即可。

上述函数中有个温度数据的校正，不是很准确，CC2530 自带的温度传感器校正比较麻烦，读者可以暂不考虑温度的校正，只需要掌握传感器和 ZigBee 协议栈的接口方式。

此时，温度读取函数就写好了，只需要在 Enddevice.c 函数中调用该函数读取温度数据，然后发送即可。

可以使用如下代码实现温度数据的读取与发送：

```
void GenericApp_SendTheMessage( void )
{
    //unsigned char theMessageData[10] = "EndDevice";//将这一行注释掉
1   int8 tvalue ;
2   TEMPERATURE temperature ;
3   temperature.BUF.Head = '&' ;
4   tvalue = readTemp() ;
5   temperature.BUF.value[0] = tvalue / 10 + '0' ;
6   temperature.BUF.value[1] = tvalue % 10 + '0' ;
7   temperature.BUF.Tail = 'C' ;
8   afAddrType_t my_DstAddr;
9   my_DstAddr.addrMode = (afAddrMode_t)Addr16Bit;
10  my_DstAddr.endPoint = GENERICAPP_ENDPOINT;
11  my_DstAddr.addr.shortAddr = 0x0000;
12  AF_DataRequest( &my_DstAddr, &GenericApp_epDesc,
                    GENERICAPP_CLUSTERID,
                    sizeof(temperature),
                    (uint8 *)&temperature,
                    &GenericApp_TransID,
                    AF_DISCV_ROUTE,
                    AF_DEFAULT_RADIUS ) ;
}
```

第 1 行，定义了 1 个变量用于存储温度数据。

第 2 行，定义了 1 个 TEMPERATURE 类型的变量 temperature，这是发送和接收双方共同使用的数据包格式，使用共同的数据包格式主要是为了便于数据处理以及校验等。

第 3 行，填充命令头。

第 4 行，读取温度数据。

第 5~6 行，将温度数据转换为 ASCII 码。

第 7 行，填充命令尾。

第 8~11 行，初始化目的地址以及发送格式，在此使用的发送模式是单播发送，协调器的网络地址是 0x0000。

第 12 行，调用数据发送函数 **AF_DataRequest**() 进行数据发送，注意，发送数据的长度使用 sizeof 关键字来计算得到。

Enddevice.c 文件内容如下：

```
#include "OSAL.h"
#include "AF.h"
#include "ZDApp.h"
#include "ZDObject.h"
#include "ZDProfile.h"
#include <string.h>
#include "Coordinator.h"
#include "DebugTrace.h"

#if !defined( WIN32 )
  #include "OnBoard.h"
#endif

#include "hal_lcd.h"
#include "hal_led.h"
#include "hal_key.h"
#include "hal_uart.h"


#define SEND_DATA_EVENT 0x01

const cId_t GenericApp_ClusterList[GENERICAPP_MAX_CLUSTERS] =
{
  GENERICAPP_CLUSTERID
};

const SimpleDescriptionFormat_t GenericApp_SimpleDesc =
{
  GENERICAPP_ENDPOINT,
  GENERICAPP_PROFID,
  GENERICAPP_DEVICEID,
  GENERICAPP_DEVICE_VERSION,
  GENERICAPP_FLAGS,
  0,
  (cId_t *)NULL,
  GENERICAPP_MAX_CLUSTERS,
```

```c
    (cId_t *)GenericApp_ClusterList
};

endPointDesc_t GenericApp_epDesc;
byte GenericApp_TaskID;
byte GenericApp_TransID;
devStates_t GenericApp_NwkState;
void GenericApp_MessageMSGCB( afIncomingMSGPacket_t *pckt );
void GenericApp_SendTheMessage( void );
int8 readTemp(void) ;

void GenericApp_Init( byte task_id )
{
    GenericApp_TaskID                = task_id;
    GenericApp_NwkState              = DEV_INIT;
    GenericApp_TransID               = 0;
    GenericApp_epDesc.endPoint       = GENERICAPP_ENDPOINT;
    GenericApp_epDesc.task_id        = &GenericApp_TaskID;
    GenericApp_epDesc.simpleDesc     =
                 (SimpleDescriptionFormat_t *)&GenericApp_
                 SimpleDesc;
    GenericApp_epDesc.latencyReq     = noLatencyReqs;
    afRegister( &GenericApp_epDesc );
}
//上述是任务初始化函数

UINT16 GenericApp_ProcessEvent( byte task_id, UINT16 events )
{

     afIncomingMSGPacket_t *MSGpkt;
    if ( events & SYS_EVENT_MSG )
    {
        MSGpkt = (afIncomingMSGPacket_t *)osal_msg_receive( Generic
        App_TaskID );
        while ( MSGpkt )
        {
          switch ( MSGpkt->hdr.event )
          {
            case ZDO_STATE_CHANGE:
                GenericApp_NwkState = (devStates_t)(MSGpkt->hdr.status);
                if (GenericApp_NwkState == DEV_END_DEVICE)
                {
```

```
                    osal_set_event(GenericApp_TaskID,SEND_DATA_EVENT);
                }
                  break;
            default:
              break;
        }

            osal_msg_deallocate( (uint8 *)MSGpkt );
            MSGpkt =
                (afIncomingMSGPacket_t *)osal_msg_receive( Generic
                App_TaskID );
        }
        return (events ^ SYS_EVENT_MSG);
    }
    if (events & SEND_DATA_EVENT)
    {
        GenericApp_SendTheMessage() ;
        osal_start_timerEx(GenericApp_TaskID,SEND_DATA_EVENT,1000);
        return (events ^ SEND_DATA_EVENT);
    }
    return 0;
}
//上述是事件处理函数
void GenericApp_SendTheMessage( void )
{
    //unsigned char theMessageData[10] = "EndDevice";
    uint8 tvalue ;
    TEMPERATURE temperature ;
    temperature.BUF.Head = '&' ;
    tvalue = readTemp() ;
    temperature.BUF.value[0] = tvalue / 10 + '0' ;
    temperature.BUF.value[1] = tvalue % 10 + '0' ;
    temperature.BUF.Tail = 'C' ;

    afAddrType_t my_DstAddr;
    my_DstAddr.addrMode = (afAddrMode_t)Addr16Bit;
    my_DstAddr.endPoint = GENERICAPP_ENDPOINT;
    my_DstAddr.addr.shortAddr = 0x0000;
    AF_DataRequest( &my_DstAddr, &GenericApp_epDesc,
                    GENERICAPP_CLUSTERID,
                    sizeof(temperature),
                    (uint8 *)&temperature,
```

```
                &GenericApp_TransID,
                AF_DISCV_ROUTE,
                AF_DEFAULT_RADIUS ) ;
}
```
上述代码实现了温度数据的读取以及无线发送。

虽然上述代码较为简单，但是向读者展示了在无线传感器网络中，传感器和 ZigBee 无线网络的接口方式。

5.5.4 实例测试

将程序下载 CC2530-EB 开发板，打开串口调试助手，波特率设为 115200，打开协调器、终端节点电源，用手放在终端节点 CC2530 单片机上（这样片内集成的温度传感器就可以感应到温度变化），无线温度检测实验测试效果图如图 5-20 所示，可见温度在逐渐升高。

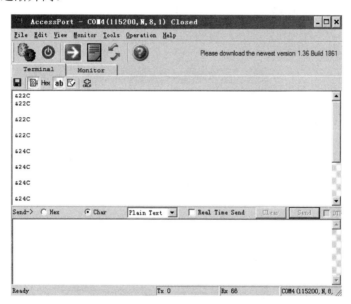

图 5-20　无线温度检测实验测试效果图

本实验只是展示了在无线传感器网络中，传感器数据如何通过 ZigBee 无线网络来进行传输，读者可以结合自身项目需要将所使用的传感器读取函数添加到 Sensor.h 和 Sensor.c 文件中。

5.6　ZigBee 协议栈中的 NV 操作

刚刚接触 ZigBee 协议栈时，会遇到 NV 操作函数，什么是 NV 呢？NV 就是

Non Volatile 的缩写，即非易失性存储器，通俗点说就是即使系统断电后，存储在该存储器中的数据也不会丢失。在 CC2530 单片机中这种存储器是 Flash 存储器。

5.6.1 NV 操作函数

NV 存储器有什么作用呢？在 ZigBee 协议栈中，NV 存储器主要用于保存网络的配置参数（如网络地址），因为掉电后该参数不丢失，所以，当系统采用电池供电时，因为电池没电而导致该节点关机，则只需要更换电池，等恢复供电后，该节点还是加入原来的网络中并且该节点的网络地址可以从 NV 中读取，这样可以保持该节点的网络地址没有变化。

既然 NV 存储器也是一种存储器，所以对于 NV 存储器的操作也会是读和写，下面着重讲解一下在 ZigBee 协议栈中如何实现对 NV 存储器的读操作和写操作。当然，不需要用户写这些函数了，既然是协议栈，里面肯定已经实现了这些函数，用户只需要找到这些函数的位置，掌握使用方法即可。

协议栈在 OSAL 文件夹下有 OSAL_Nv.h 和 OSAL_Nv.c 文件，协议栈中 NV 操作函数所在文件夹如图 5-21 所示。

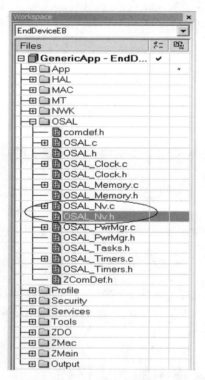

图 5-21　协议栈中 NV 操作函数所在文件夹

在协议栈中使用的 NV 操作函数只有如下三个。

- uint8 osal_nv_item_init(uint16 id, uint16 len, void *buf)

这是 NV 条目初始化函数，在协议栈中使用 NV 存储器是将该存储器分成很多条目，每个条目都有一个 ID 号，NV 条目 ID 号如表 5-5 所示。

表 5-5 非易失性闪存条目 ID 号

条目 ID 范围	使 用 对 象
0x0000	保留
0x0001～0x0020	操作系统抽象层（OSAL）
0x0021～0x0040	网络层（NWK）
0x0041～0x0060	应用程序支持子层（APS）
0x0061～0x0080	安全（Security）
0x0081～0x00A0	ZigBee 设备对象（ZDO）
0x00A1～0x0200	保留
0x0201～0x0FFF	应用程序
0x1000～0xFFFF	保留

在 ZcomDef.h 中可以找到如下宏定义：

```
#define ZCD_NV_EXTADDR              0x0001
#define ZCD_NV_BOOTCOUNTER          0x0002
#define ZCD_NV_STARTUP_OPTION       0x0003
#define ZCD_NV_START_DELAY          0x0004
……
```

这些都是系统预定义的条目，用户可以添加自己定义的条目，参考表 5-5 可知，用户应用程序定义的条目地址范围是 0x0201～0x0FFF。

- uint8 osal_nv_write(uint16 id, uint16 ndx, uint16 len, void *buf)

这是 NV 写入函数。该函数 4 个参数的含义如下。

  ✓ uint16 id：NV 条目 ID 号；
  ✓ uint16 ndx：距离条目开始地址的偏移量；
  ✓ uint16 len：要写入的数据长度；
  ✓ void *buf：指向存放写入数据缓冲区的指针。

- uint8 osal_nv_read(uint16 id, uint16 ndx, uint16 len, void *buf)

这是 NV 读取函数。该函数 4 个参数的含义如下。

  ✓ uint16 id：NV 条目 ID 号；
  ✓ uint16 ndx：距离条目开始地址的偏移量；
  ✓ uint16 len：要读取的数据长度；
  ✓ void *buf：指向存放读取数据缓冲区的指针。

5.6.2 NV 操作基础实验

既然协议栈提供了 NV 操作函数，那么现在做个小实验，定义一个 NV 条目，然后调用 NV 写入函数将数据写入该条目，然后调用 NV 读取函数将数据读取，输出到串口，用户可以查看读取到的数据是否是刚写入的数据。

该实验的基本功能：通过串口调试助手发送"nvread"命令，开发板收到该命令后读取 NV 存储器中的数据，并将其发送到 PC 机。

首先，在 ZcomDef.h 文件中添加一个用户自己用的条目，添加条目 TEST_NV 如图 5-22 所示(注意，用户自己添加的条目 ID 范围是 0x0201~0x0FFF)。

```
168 // ZCL NV item IDs
169 #define ZCD_NV_SCENE_TABLE                0x0091
170
171 // Non-standard NV item IDs
172 #define ZCD_NV_SAPI_ENDPOINT              0x00A1
173
174 // NV Items Reserved for Trust Center Link Key Table entries
175 // 0x0101 - 0x01FF
176 #define ZCD_NV_TCLK_TABLE_START           0x0101
177
178 // NV Items Reserved for applications (user applications)
179 // 0x0201 20x0FFF
180 #define TEST_NV                    0x0201
181
```

图 5-22　添加条目 TEST_NV

因此，就可以使用如下代码来实现数据的存储与读取操作。

```
1    uint8 value_read ;
2    uint8 value = 0x08 ;
3    osal_nv_item_init(TEST_NV,1,NULL) ;
4    osal_nv_write(TEST_NV,0,1,&value) ;
5    osal_nv_read(TEST_NV,0,1,&value_read) ;
```

第 1 行，定义了一个变量，用于存储读取的数据。

第 2 行，这就是要写入 NV 条目的数据。

第 3 行，使用 osal_nv_item_init()函数对该条目进行初始化。

第 4 行，向该条目写入数据。

第 5 行，读取该条目的数据。

然后，修改 Coordinator.c 文件内容如下：

```
#include "OSAL.h"
#include "AF.h"
#include "ZDApp.h"
#include "ZDObject.h"
```

```c
#include "ZDProfile.h"
#include <string.h>
#include "Coordinator.h"
#include "DebugTrace.h"

#if !defined( WIN32 )
  #include "OnBoard.h"
#endif

#include "hal_lcd.h"
#include "hal_led.h"
#include "hal_key.h"
#include "hal_uart.h"
#include "OSAL_Nv.h" //添加这一行，使用NV操作函数，需要包含该头文件
const cId_t GenericApp_ClusterList[GENERICAPP_MAX_CLUSTERS] =
{
  GENERICAPP_CLUSTERID
};

const SimpleDescriptionFormat_t GenericApp_SimpleDesc =
{
  GENERICAPP_ENDPOINT,
  GENERICAPP_PROFID,
  GENERICAPP_DEVICEID,
  GENERICAPP_DEVICE_VERSION,
  GENERICAPP_FLAGS,
  GENERICAPP_MAX_CLUSTERS,
  (cId_t *)GenericApp_ClusterList,
  0,
  (cId_t *)NULL
};

endPointDesc_t GenericApp_epDesc;
byte GenericApp_TaskID;
byte GenericApp_TransID;

void GenericApp_MessageMSGCB( afIncomingMSGPacket_t *pckt );
void GenericApp_SendTheMessage( void );
static void rxCB(uint8 port,uint8 event) ;

void GenericApp_Init( byte task_id )
{
```

```
        halUARTCfg_t uartConfig;
        GenericApp_TaskID                   = task_id;
        GenericApp_TransID                  = 0;
        GenericApp_epDesc.endPoint          = GENERICAPP_ENDPOINT;
        GenericApp_epDesc.task_id           = &GenericApp_TaskID;
        GenericApp_epDesc.simpleDesc        =
                            (SimpleDescriptionFormat_t *)&GenericApp_
                            SimpleDesc;
        GenericApp_epDesc.latencyReq        = noLatencyReqs;
        afRegister( &GenericApp_epDesc );

        uartConfig.configured               = TRUE;
        uartConfig.baudRate                 = HAL_UART_BR_115200;
        uartConfig.flowControl              = FALSE;
        uartConfig.callBackFunc             = rxCB ;
        HalUARTOpen (0, &uartConfig);
    }

    UINT16 GenericApp_ProcessEvent( byte task_id, UINT16 events )
    {
    }
```

该函数是一个空函数,因为本实验并没有进行事件处理,所以没有实现任何代码。

```
    static void rxCB(uint8 port,uint8 event)
    {
1       uint8 value_read ;
2       uint8 value = 18 ;
3       uint8 uartbuf[2];
4       uint8 cmd[6] ;
5       HalUARTRead(0,cmd,6) ;
6       if(osal_memcmp(cmd,"nvread",6))
        {
7           osal_nv_item_init(TEST_NV,1,NULL) ;
8           osal_nv_write(TEST_NV,0,1,&value) ;
9           osal_nv_read(TEST_NV,0,1,&value_read) ;
10          uartbuf[0] = value_read / 10 +'0' ;
11          uartbuf[1] = value_read % 10 + '0' ;
12          HalUARTWrite(0,uartbuf,2) ;
        }
    }
```

第1行,定义了一个变量,用于存储从NV存储器读取的数据。

第 2 行，要写入 NV 条目的数据。

第 3 行，定义了一个缓冲区，用于存放读取的数据（ASCII 码）。

第 4 行，定义了一个命令缓冲区，用于存取从串口读取到的命令。

第 5 行，从串口读取命令，并将其存放在 cmd 数组中。

第 6 行，使用 osal_memcmp()函数判断读取的命令是否是"nvread"，如果是则条件成立，执行下面的程序。

第 7 行，初始化 NV 条目。

第 8 行，向 NV 条目写入数据。

第 9 行，从 NV 条目读取数据。

第 10～11 行，将读取的数据转换为显示所需要的 ASCII 码。

第 12 行，将读取到的数据发送给 PC 机。

5.6.3 实例测试

将程序下载到 CC2530-EB 开发板，打开串口调试助手，波特率设为 115200，打开协调器电源，从串口调试助手输入"nvread"，此时在接收窗口中已经显示出读取到的数据，NV 操作实验测试效果图如图 5-23 所示。

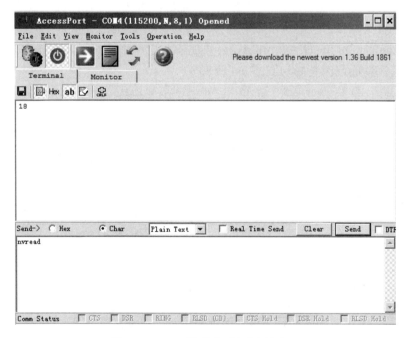

图 5-23 NV 操作实验测试效果图

ZigBee 协议栈中，其他需要保存的一些常量数据都是使用上述方法将其存储到 NV 存储器中，这样就可以实现一些关键数据的保存，特别是网络参数的保存。

5.7　本章小结

本章对 ZigBee 协议栈中 OSAL 进行了讲解，同时对 ZigBee 协议栈中的串口配置以及使用方法进行了初步讨论，此外，在本章最后给出了一个无线温度检测实验，向读者展示了在 ZigBee 无线传感器网络中，传感器和 ZigBee 协议栈的接口方式。读者可以自行修改 Sensor.h、Sensor.c 文件的内容以满足自身项目的需要。

5.8　扩展阅读之一：ZigBee 协议中规范（Profile）和簇（Cluester）的概念

在 ZigBee 协议中 Profile 和 Cluster 的翻译很难确定，有人将 Profile 翻译为剖面、轮廓等，有人将 Cluster 翻译为簇、串等，但是从某种意义上说，这些翻译都不是很恰当，本节将对上述名称进行讨论，为了行文方便，笔者暂时将 Profile 翻译为规范，Cluster 翻译为簇，不当之处敬请谅解。

ZigBee 协议中引入了规范（Profile）和簇（Cluester）的概念。在 ZigBee 网络中进行数据收发都是建立在应用规范（Application Profile）基础上。每个应用规范都有一个 ID 来标识，应用规范又可以分为公共规范（Public profile）和制造商特定规范（Manufacturer Specific Profile），公共规范 ID 的范围是 0x0000~ 0x7FFF，制造商特定规范 ID 的范围是 0xbF00～0xFFFF。

应用规范 ID 实例如表 5-6 所示。

表 5-6　应用规范 ID 实例

Profile ID	Profile Name
0101	Industrial Plant Monitoring(IPM)
0104	Home Automation(HA)
0105	Commercial Building Automation(CBA)
0107	Telecom Applications(TA)
0108	Personal Home&hospital Care(PHHC）
0109	Advanced Metering Initiative(AMI)

从表 5-6 中可以看出，不同的应用规范规定不同的应用领域，并有一个特定的 ID，如智能家居的规范 ID 为 0x0104，商业楼宇自动化的规范 ID 是 0x0105。不同的应用规范规定了不同的应用领域如何理解呢？以智能家居为例，智能家居领域的相关产品都要满足一些要求，例如控制空调的开关、灯的亮灭等，因此，Home Automation public Profile 就规定了智能家居系统中的这些要求，主要是为了使不同厂商的产品可以相互兼容。这些规范是由 ZigBee 联盟定义的。

在一个规范（Profile）下，又提出了簇（Cluster）的概念，这个 Cluster 要理解成一个应用领域下的一个特定对象，例如：智能家居系统中有调光器，操作这个调光器就需要一些命令，如开灯、关灯、变亮、变暗等，实现这些操作需要不同的命令，因此，簇是由命令组成的。

例如：在第 4 章的点对点传输实验中，有如下代码：

```
#define GENERICAPP_MAX_CLUSTERS      1
#define GENERICAPP_CLUSTERID         1

typedef uint16  cId_t;
const cId_t GenericApp_ClusterList[GENERICAPP_MAX_CLUSTERS] =
{
  GENERICAPP_CLUSTERID
};
```

因此，GenericApp_ClusterList 就是一个簇，包含了命令 GENERICAPP_CLUSTERID。

使用网络地址可以描述一个节点，在一个节点上有很多端口，如何描述一个具体的端口呢？这在规范中也有定义，使用简单描述符来描述一个端口，简单描述符的结构如表 5-7 所示。

表 5-7　简单描述符的结构

域　　名	数据长度/位
端口号	8
应用规范 ID	16
应用设备 ID	16
应用设备版本号	4
保留	4
输入簇包含的命令个数	8
输入簇列表	16*num（num 为输入簇包含的命令个数）
输出簇包含的命令个数	8
输出簇列表	16*num（num 为输出簇包含的命令个数）

下面讨论在 ZigBee 协议栈中是采用什么样的数据结构来实现上述简单描述符。

因为 ZigBee 协议栈是 ZigBee 协议的具体实现，因此，在保留了 ZigBee 协议规定的所有参数外，还添加了部分用于任务切换使用的参数，在 TI 公司推出的 ZigBee 协议栈中，使用 endPointDesc_t 数据结构来描述一个端口。

endPointDesc_t 定义如下：

```
typedef struct
{
  byte endPoint;
  byte *task_id;
  SimpleDescriptionFormat_t *simpleDesc;
```

```
        afNetworkLatencyReq_t latencyReq;
} endPointDesc_t;
```

其中 latencyReq 参数在初始化时，采用默认值即可，关键是 SimpleDescription Format_t 结构体的定义需要掌握。

SimpleDescriptionFormat_t 的定义如下：

```
typedef uint16  cId_t;
typedef struct
{
  byte          EndPoint;
  uint16        AppProfId;
  uint16        AppDeviceId;
  byte          AppDevVer:4;        //这里使用的是位域
  byte          Reserved:4;         //这里使用的是位域
  byte          AppNumInClusters;
  cId_t         *pAppInClusterList;
  byte          AppNumOutClusters;
  cId_t         *pAppOutClusterList;
} SimpleDescriptionFormat_t;
```

注意： 上述部分加粗字体部分的对应关系。使用上述结构体就可以完整地描述一个端口。

因此，在第 4 章点对点实验中，在协调器和终端节点代码中都有一个 SimpleDescriptionFormat_t 类型的 GenericApp_SimpleDesc 变量,该变量的原型如下：

```
const SimpleDescriptionFormat_t GenericApp_SimpleDesc =
    {
        GENERICAPP_ENDPOINT,
        GENERICAPP_PROFID,
        GENERICAPP_DEVICEID,
        GENERICAPP_DEVICE_VERSION,
        GENERICAPP_FLAGS,
        GENERICAPP_MAX_CLUSTERS,
        (cId_t *)GenericApp_ClusterList,
        0,
        (cId_t *)NULL
    };
```

其中各宏定义如下(在 Coordinator.c 文件中)：

```
#define GENERICAPP_ENDPOINT              10
#define GENERICAPP_PROFID                0x0F04
#define GENERICAPP_DEVICEID              0x0001
#define GENERICAPP_DEVICE_VERSION        0
#define GENERICAPP_FLAGS                 0
```

```
#define GENERICAPP_MAX_CLUSTERS    1
#define GENERICAPP_CLUSTERID       1
```
这样就描述了协调器上的端口 10（注意：端口号是随便取的，在具体开发过程中，可以使用的端口号范围：1~240）。

对应终端节点来说，SimpleDescriptionFormat_t 类型的 GenericApp_SimpleDesc 变量定义如下：

```
const SimpleDescriptionFormat_t GenericApp_SimpleDesc =
{
  GENERICAPP_ENDPOINT,
  GENERICAPP_PROFID,
  GENERICAPP_DEVICEID,
  GENERICAPP_DEVICE_VERSION,
  GENERICAPP_FLAGS,
  0,
  (cId_t *)NULL,
  GENERICAPP_MAX_CLUSTERS,
  (cId_t *)GenericApp_ClusterList
};
```

不难发现，GenericApp_ClusterList 簇中包含的命令 GENERICAPP_CLUSTERID 对于终端节点来说是输出命令，因此，初始化时放在输出列表中；但是对于协调器来说，该命令是输入命令，所以在初始化时将其放在输出簇列表中。这也是在 ZigBee 网络中进行通信时需要注意的，命令对于通信双方来说，一方是输入命令，则对另一方而言是输出命令。

5.9 扩展阅读之二：探究接收数据的存放位置

协调器接收到该序列号后，存储在什么地方呢？这个问题需要探究一下，只要这个问题理解清楚了，很多问题自然就慢慢清晰起来。

通俗一点说，收到数据后，ZigBee 协议栈将收到的数据以及与该数据有关的一些信息（如 RSSI 值、链路质量、组号）打包，然后存储起来，用户找到这个包就可以找到所需要的信息。既然是将数据进行了打包，那么这个包用什么样的数据结构来实现的呢？就是 afIncomingMSGPacket_t！

观察协调器数据处理函数 GenericApp_MessageMSGCB()，该函数原型如下：

```
void GenericApp_MessageMSGCB( afIncomingMSGPacket_t *pkt )
{
    unsigned char buffer[10] ;
        switch ( pkt->clusterId )
```

```
            {
                case GENERICAPP_CLUSTERID:
                    osal_memcpy(buffer,pkt->cmd.Data,10);
                    HalUARTWrite(0,buffer,10) ;
                break;
            }
        }
```

可以看到该函数有个 afIncomingMSGPacket_t 类型的参数，afIncomingMSGPacket_t 类型定义如下：

```
typedef struct
{
    osal_event_hdr_t hdr;           //事件头
    uint16 groupId;
    uint16 clusterId;
    afAddrType_t srcAddr;
    uint16 macDestAddr;
    uint8 endPoint;                 //存储端口号
    uint8 wasBroadcast;
    uint8 LinkQuality;              //链路质量
    uint8 correlation;
    int8  rssi;                     //RSSI 值
    uint8 SecurityUse;
    uint32 timestamp;
    afMSGCommandFormat_t cmd;       //关键是该成员变量
} afIncomingMSGPacket_t;
```

afIncomingMSGPacket_t 结构体的成员变量较多，不宜去强制记忆这些成员变量，只需要尝试着去使用这些参数，使用次数多了，自然就熟悉了，在此只使用到了 cmd 成员变量，这是一个 afMSGCommandFormat_t 类型的变量，afMSGCommandFormat_t 定义如下：

```
typedef struct
{
    byte     TransSeqNumber;    //存储的发送序列号
    uint16   DataLength;        //存储的发送数据的长度信息
    byte     *Data;             //存储的接收数据缓冲区的指针
} afMSGCommandFormat_t;
```

该结构体有三个成员变量：

- byte TransSeqNumber——用于存储序列号；
- uint16 DataLength——用于存储的发送数据的长度信息；
- byte *Data——数据接收后存放在一个缓冲区中，该参数存储了指向该缓冲区的指针。

到此为止，已经找到了数据的存放位置，还需要提醒读者注意，GenericApp_MessageMSGCB()函数是在事件处理函数 GenericApp_ProcessEvent()中调用的，如下述代码所示。

```
UINT16 GenericApp_ProcessEvent( byte task_id, UINT16 events )
{
    afIncomingMSGPacket_t *MSGpkt;
    if ( events & SYS_EVENT_MSG )
    {
        MSGpkt = (afIncomingMSGPacket_t *)osal_msg_receive( GenericApp_TaskID );
        while ( MSGpkt )
        {
          switch ( MSGpkt->hdr.event )
          {
            case AF_INCOMING_MSG_CMD:
                GenericApp_MessageMSGCB( MSGpkt );
                break;

            default:
              break;
          }

          osal_msg_deallocate( (uint8 *)MSGpkt );
          MSGpkt = (afIncomingMSGPacket_t *)osal_msg_receive( Generic-App_TaskID );
        }
        return (events ^ SYS_EVENT_MSG);
    }
    return 0;
}
```

在事件处理函数 GenericApp_ProcessEvent()中，从消息队列中接收一个消息，然后才调用到 GenericApp_MessageMSGCB()函数，那么，接收的消息中怎么就包含了用户接收的数据信息呢？

再回顾一下在 5.2.3 中讲到了 OSAL 的消息队列，OSAL 中的消息队列如图 5-24 所示。

因为每个消息都有一个用户自定义的消息部分，协调器收到数据后，将数据打包，存放在用户自定义消息部分，然后将其插入消息队列，用户就可以从消息队列接收到该消息了，接收到数据后消息格式如图 5-25 所示。

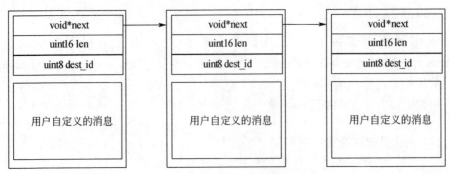

图 5-24　OSAL 中消息队列

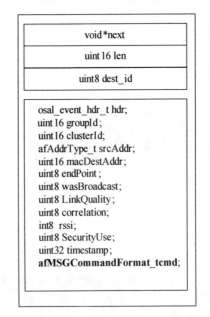

图 5-25　接收到数据后消息格式

到此阐述了协调器收到数据后，用户如何得到所收到的数据，至于将接收数据打包的过程，用户不需要关心，协议栈已经实现了这些内容（这就是使用协议栈进行开发的好处，不需要过多地关注协议的实现细节，只需要掌握数据的流动过程以及如何使用协议栈提供的函数来完成自身项目的需求即可），用户只需要从消息队列中接收消息，然后就可以找到接收到的数据了。

顺便提醒一下，为什么不将接收到的数据放在消息中，这样用户接收到消息后就可以直接使用接收的数据了，原因是，如果接收的数据较大，数据来回复制是需要消耗时间和消耗电能的，如何将数据的存放位置（指向数据存储缓冲区的指针）放在消息中，这样复制一个指针是比较明智的，只要找到指向数据存放缓冲区的指针，就可以找到接收到的数据了。

第6章 ZigBee 无线传感器网络管理

前一章着重讨论 ZigBee 协议栈的构成以及内部 OSAL 的工作机理，并在此基础上讲解了 ZigBee 协议栈中的串口工作原理，可以说这只是在学习如何使用 ZigBee 协议栈，但是对于 ZigBee 无线网络开发而言，网络管理才是值得认真学习的内容。

网络管理主要分为以下几个部分：
- 如何查看节点的网络地址；
- 如何查看节点的父节点的网络地址；
- 如何通过节点的网络地址得到节点的 MAC 地址；
- 如何通过节点的 MAC 地址查询节点的网络地址；
- 如何获得网络的拓扑结构。

本章将对上述问题展开讨论，并给出具体的实现方法。

6.1 ZigBee 网络中的设备地址

讲述 ZigBee 网络中的地址类型之前，需要了解一下 ZigBee 网络中设备类型，在 ZigBee 无线网络中，主要有三种类型的设备，设备类型的选择是在编译时根据不同的编译选项来确定的。

（1）协调器（Coordinator）

协调器负责建立网络，系统上电后，协调器会自动选择一个信道，然后选择一个网络号，建立网络。协调器主要是在网络建立、网络配置方面起作用，一旦网络建立了，协调器就与路由器的功能是一致的。

（2）路由器（Router）

在 ZigBee 网络中，路由器主要有三个功能：
- 允许节点加入网络；
- 进行数据的路由；
- 辅助其孩子节点通信。

> **注意：** 如果一个节点是通过路由器加入网络，则该节点就称为该路由器的孩子节点(child node)。

（3）终端节点（End-device）

终端节点只需要加入已建立的网络即可，终端节点不具有网络维护功能。

> **注意：** 设备类型在 ZigBee 协议栈中是通过参数来指定的，例如：ZDO_COORDINATOR 表示设备类型为协调器，RTR_NWK 表示设备类型为路由器。

在网络中进行通信，需要标识每个设备的地址，在 ZigBee 无线网络中，设备地址有以下两种。

① 64-bit 的 IEEE 地址（64-bit IEEE address）IEEE 地址是 64 位的，并且是全球唯一的，每个 CC2530 单片机的 IEEE 地址在出厂时就已经定义好了（当然，在用户学习阶段，可以通过编程软件 SmartRF Flash Programmer 修改设备的 IEEE 地址）。

64 位的 IEEE 地址又被称为 MAC 地址（MAC address）或扩展地址（Extended address）。

② 16-bit 的网络地址（16-bit network address） 网络地址是 16 位的，该地址是在设备加入网络时，按照一定的算法计算得到并分配给加入网络的设备。网络地址在某个网络中是唯一的，16 位的网络地址主要有两个功能：在网络中标识不同的设备；在网络数据传输时指定目的地址和源地址。

16 位的 IEEE 地址又被称为逻辑地址（Logical Address）或短地址（Short Address）。

ZigBee 网络中的地址类型如表 6-1 所示。

表 6-1 ZigBee 网络中的地址类型

地址类型	位数	别　　称
IEEE 地址	64-bit	MAC 地址：MAC address
		扩展地址：Extended address
网络地址	16-bit	逻辑地址：Logical Address
		短地址：Short Address

前文提到，网络地址是 16 位的，该地址是在设备加入网络时，按照一定的算法计算得到并分配给加入网络的设备。那么，读者可能会有这样的疑问，按照什么算法来进行网络地址的分配呢？

6.2 ZigBee 无线网络中的地址分配机制

下面讲解一下 ZigBee 无线网络中的地址分配机制：分布式分配机制（Distributed Addressing Scheme）。

前文提到，ZigBee 无线网络中，协调器（Coordinator）在建立网络以后使用 0x0000 作为自己的网络地址（即协调器的默认网络地址是 0x0000）。在路由器（Router）和终端(Enddevice)加入网络以后，父设备会自动给它分配 16 位的网络地址。

网络地址是 16 位的，因此最多可以分配给 65536 个节点，地址的分配取决于整个网络的架构，整个网络的架构由以下 3 个值决定：

- 网络的最大深度(L_m);
- 每个父节点拥有的孩子节点最大数目(C_m);
- 每个父节点拥有的孩子节点中路由器的最大数目(R_m)。

可以根据下面的公式来计算某父节点的路由器子设备之间的地址间隔 $Cskip(d)$:

$$Cskip(d) = \begin{cases} 1+C_m*(L_m-d-1); & \text{当} R_m=1 \\ \dfrac{1+C_m-R_m-C_m*R_m^{L_m-d-1}}{1-R_m} & \text{其他} \end{cases}$$

$$A_n = A_{parent} + Cskip(d)*R_m + n$$

可以使用上述公式来计算位于深度 d 的父节点所分配的路由器子设备之间的地址间隔。

父节点分配的第 1 个路由器地址=父亲设备地址+1;

父节点分配的第 2 个路由器地址=父亲设备地址+1+$Cskip(d)$;

父节点分配的第 3 个路由器地址=父亲设备地址+1+2×$Cskip(d)$;

依次运算规则可以很容易地计算出网络中各个设备的节点地址。

终端节点的网络地址计算公式如下:

$$A_n = A_{parent} + Cskip(d)*R_m + n$$

以上公式是用来计算 A_{parent} 这个父亲设备分配的第 n 个终端设备的地址 A_n。

下面结合一个具体的例子来熟悉一下 ZigBee 网络节点地址的计算过程。

假设在一个 ZigBee 无线网络,网络拓扑结构图如图 6-1 所示,下面给出每个设备网络地址的计算过程。

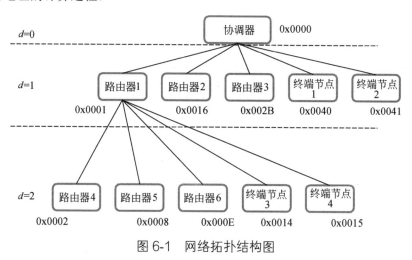

图 6-1 网络拓扑结构图

由图 6-1 可知,网络的最大深度为 L_m=3,每个父节点拥有的孩子节点最大数目 C_m=5,每个父节点拥有的孩子节点中路由器的最大数目 R_m=3。

对于协调器而言，路由器子设备之间的地址间隔 Cskip(d=0)计算公式如下：

$$\text{Cskip}(d=0) = \frac{1+C_m - R_m - C_m R_m^{L_m-d-1}}{1-R_m}$$

$$= \frac{1+5-3-5\times 3^{3-0-1}}{1-3}$$

$$= \frac{3-45}{-2}$$

$$= 21$$

因此，与协调器相连的 3 个路由器的网络地址计算公式如下：

路由器 1 的网络地址=协调器网络地址+1

=0x0000+1

=0x0001

路由器 2 的网络地址=协调器网络地址+1+Cskip(d)

=0x0000+1+21

=0x0016

路由器 3 的网络地址=协调器网络地址+1+2×Cskip(d)

=0x0000+1+2×21

=0x002B

终端节点的网络地址需要使用下面的公式：

$$A_n = A_{\text{parent}} + \text{Cskip}(d)R_m + n$$

因此，与协调器相连的 2 个终端节点的网络地址计算公式如下：

终端节点 1 的网络地址=A_{parent}+ Cskip(d=0) R_m+n

=0x0000+21×3+1

=0x0040

终端节点 2 的网络地址=A_{parent}+Cskip(d=0)×R_m+n

=0x0000+21×3+2

=0x0041

对于路由器 1 而言，路由器子设备之间的地址间隔 Cskip(d=1)计算公式如下：

$$\text{Cskip}(d=1) = \frac{1+C_m - R_m - C_m R_m^{L_m-d-1}}{1-R_m}$$

$$= \frac{1+5-3-5\times 3^{3-1-1}}{1-3}$$

$$= \frac{3-15}{-2}$$

$$= 6$$

因此，与协调器相连的 3 个路由器的网络地址计算公式如下：

路由器 4 的网络地址=协调器网络地址+1
$$=0x0001+1$$
$$=0x0002$$
路由器 5 的网络地址=协调器网络地址+1+Cskip(d=1)
$$=0x0001+1+6$$
$$=0x0008$$
路由器 6 的网络地址=协调器网络地址+1+2×Cskip(d=1)
$$=0x0001+1+2×6$$
$$=0x000E$$

终端节点的网络地址需要使用下面的公式：

$$A_n = A_{parent} + \text{Cskip}(d)R_m + n$$

因此，与路由器 1 相连的 2 个终端节点的网络地址计算公式如下：

终端节点 3 的网络地址=A_{parent}+Cskip(d=1) R_m+n
$$=0x0001+6×3+1$$
$$=0x0014$$
终端节点 4 的网络地址=A_{parent}+Cskip(d=1) R_m+n
$$=0x0001+6×3+2$$
$$=0x0015$$

通过上面的分析可知，对于 ZigBee 无线网络，只要 L_m、C_m、R_m 这 3 个值确定了，整个网络设备的地址就可以计算出来。

经过前面的分析可以得到如下结论：同一个父节点相连的终端节点的网络地址是连续的，但是同一个父节点相连的路由器节点的网络地址通常是不连续的。

> **注意：** 上面的地址分配过程分析只是为了帮助读者理解 ZigBee 协议的地址分配机制，这部分内容在 ZigBee 协议栈里面已经实现了，读者不必关心地址分配问题，只需要使用分配好的地址进行网络通信即可。

在 ZigBee 协议栈里面，提供了三个参数 MAX_DEPTH、MAX_ROUTERS 和 MAX_CHILDREN 分别对应于上面分析中的 L_m、R_m 和 C_m。

6.3 单播、组播和广播

在 ZigBee 网络中进行数据通信主要有三种类型：广播（Broadcast）、单播（Unicast）和组播（Multicast）。

广播如图 6-2 所示，描述的是一个节点发送的数据包，网络中的所有节点都可以收到。这类似于开会时，领导讲话，每个与会者都可以听到。

单播如图 6-3 所示，描述的是网络中两个节点之间进行数据包的收发过程。这就类似于任意两个与会者之间进行的讨论。

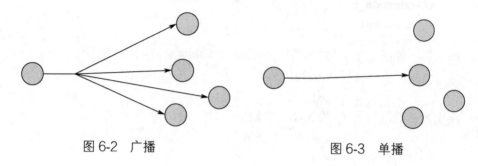

图 6-2　广播　　　　　　　　　图 6-3　单播

组播如图 6-4 所示，又称为多播，描述的是一个节点发送的数据包，只有和该节点属于同一组的节点才能收到该数据包。这类似于领导讲完后，各小组进行讨论，只有本小组的成员才能听到相关的讨论内容，不属于该小组的成员不需要听取相关的内容。

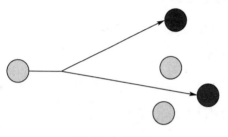

图 6-4　组播

那么，ZigBee 协议栈是如何实现上述通信方式的呢？

通俗点讲，ZigBee 协议栈将数据通信过程高度抽象，使用一个函数完成数据的发送，以不同的参数来选择数据发送方式（广播、组播还是单播）。ZigBee 协议栈中数据发送函数原型如下：

```
afStatus_t AF_DataRequest( afAddrType_t *dstAddr,
                           endPointDesc_t *srcEP,
                           uint16 cID,
                           uint16 len,
                           uint8 *buf,
                           uint8 *transID,
                           uint8 options,
                           uint8 radius )
```

在此，读者不必关心该函数的调用形式，只需要理解 ZigBee 协议栈的设计者是使用一个函数实现广播、组播和单播三种数据发送形式的方法即可。

在 AF_DataRequest 函数中，第一个参数是一个指向 afAddrType_t 类型的结构体的指针，该结构体的定义如下：

```
typedef struct
{
    union
    {
        uint16          shortAddr;
        ZLongAddr_t     extAddr;
```

```
    } addr;
    afAddrMode_t addrMode;
    byte endPoint;
    uint16 panId;
}afAddrType_t;
```

注意观察加粗字体部分的 addrMode，该参数是一个 afAddrMode_t 类型的变量，afAddrMode_t 类型的定义如下：

```
typedef enum
{
    afAddrNotPresent = AddrNotPresent,
    afAddr16Bit = Addr16Bit,
    afAddrGroup = AddrGroup,
    afAddrBroadcast = AddrBroadcast
} afAddrMode_t;
```

可见，该类型是一个枚举类型：
- 当 addrMode= AddrBroadcast 时，就对应的广播方式发送数据；
- 当 addrMode= AddrGroup 时，就对应的组播方式发送数据；
- 当 addrMode= Addr16Bit 时，就对应的单播方式发送数据。

上面使用到的 AddrBroadcast、AddrGroup、Addr16Bit 是一个常数，在 ZigBee 协议栈里面定义如下：

```
enum
{
  AddrNotPresent = 0,
  AddrGroup = 1,
  Addr16Bit = 2,
  Addr64Bit = 3,
  AddrBroadcast = 15
};
```

到此为止，只是讲解了 AF_DataRequest 函数的第一个参数，该参数决定了以哪种数据发送方式发送数据。

- 首先，需要定义一个 afAddrType_t 类型的变量。

```
afAddrType_t  SendDataAddr;
```

- 然后，将其 addrMode 参数设置为 Addr16Bit。

```
SendDataAddr.addrMode = (afAddrMode_t)Addr16Bit;
SendDataAddr.addr.shortAddr =××××;
```

其中：××××代表目的节点的网络地址，如协调器的网络地址为 0x0000。

- 最后，调用 AF_DataRequest 函数发送数据即可。

```
AF_DataRequest(&SendDataAddr,……)
```

> **注意**：上述过程只是展示了如何以单播的方式发送数据，至于发送什么数据，发送长度等信息都省略了，这里主要是讲解单播方式发送数据是如何实现的，同理，当使用广播方式发送时，只需要将 addrMode 参数设置为 AddrBroadcast 即可。

6.4 网络通信实验

上面讲解了网络通信的三种模式，下面结合具体实验，向读者展示一下如何在具体的项目开发中实现上述通信模式，只有在实验中真正地去体会各种通信模式的区别与联系，才能更好地掌握 ZigBee 网络数据传输的基本原理。

6.4.1 广播和单播通信

实验原理：协调器周期性以广播的形式向终端节点发送数据（每隔 5s 广播一次），终端节点收到数据后，使开发板上的 LED 状态翻转（如果 LED 原来是亮，则熄灭 LED；如果 LED 原来是灭的，则点亮 LED），同时向协调器发送字符串"EndDevice received！"，协调器收到终端节点发回的数据后，通过串口输出到 PC 机，用户可以通过串口调试助手查看该信息。

广播和单播通信实验原理图如图 6-5 所示。

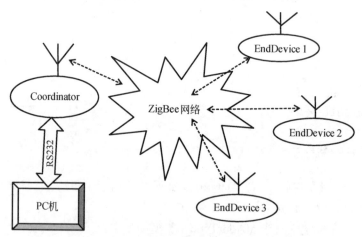

图 6-5　广播和单播通信实验原理图

广播和单播通信实验协调器程序流程图如图 6-6 所示。
广播和单播通信实验终端节点程序流程图如图 6-7 所示。
协调器周期性以广播的形式向终端节点发送数据，如何实现周期性地发送数据呢？

这里又需要用定时函数 osal_start_timerEx()，定时 5s，定时时间达到后，向终端节点发送数据，发送完数据再定时 5s，这样就实现了周期性地发送数据。

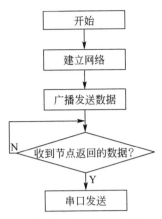

图 6-6 广播和单播通信实验协调器程序流程图

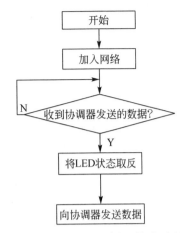

图 6-7 广播和单播通信实验终端节点程序流程图

（1）协调器程序设计

修改 Coordinator.c 文件内容如下（本节实验还是建立在第 4 章中讲解点对点通信时所使用的工程，主要是对 Coordinator.c 文件进行了一下改动）：

```c
#include "OSAL.h"
#include "AF.h"
#include "ZDApp.h"
#include "ZDObject.h"
#include "ZDProfile.h"
#include <string.h>
#include "Coordinator.h"
#include "DebugTrace.h"

#if !defined( WIN32 )
#include "OnBoard.h"
#endif

#include "hal_lcd.h"
#include "hal_led.h"
#include "hal_key.h"
#include "hal_uart.h"
#include "OSAL_Nv.h"

#define SEND_TO_ALL_EVENT    0x01   //定义发送事件

const cId_t GenericApp_ClusterList[GENERICAPP_MAX_CLUSTERS] =
{
```

```c
  GENERICAPP_CLUSTERID
};

const SimpleDescriptionFormat_t GenericApp_SimpleDesc =
{
  GENERICAPP_ENDPOINT,
  GENERICAPP_PROFID,
  GENERICAPP_DEVICEID,
  GENERICAPP_DEVICE_VERSION,
  GENERICAPP_FLAGS,
  GENERICAPP_MAX_CLUSTERS,
  (cId_t *)GenericApp_ClusterList,
  0,
  (cId_t *)NULL
};
```

以上是节点描述符部分的初始化（在第 4、5 章中进行了讲解，在此不再赘述）。

```c
endPointDesc_t GenericApp_epDesc;
devStates_t GenericApp_NwkState;  //存储网络状态的变量
byte GenericApp_TaskID;
byte GenericApp_TransID;


void GenericApp_MessageMSGCB( afIncomingMSGPacket_t *pckt );
void GenericApp_SendTheMessage( void );

void GenericApp_Init( byte task_id )
{
    halUARTCfg_t uartConfig;
    GenericApp_TaskID                   = task_id;
    GenericApp_TransID                  = 0;
    GenericApp_epDesc.endPoint          = GENERICAPP_ENDPOINT;
    GenericApp_epDesc.task_id           = &GenericApp_TaskID;
    GenericApp_epDesc.simpleDesc        =
                (SimpleDescriptionFormat_t *)&GenericApp_Simpl-
                eDesc;
    GenericApp_epDesc.latencyReq        = noLatencyReqs;
    afRegister( &GenericApp_epDesc );

    uartConfig.configured               = TRUE;
    uartConfig.baudRate                 = HAL_UART_BR_115200;
    uartConfig.flowControl              = FALSE;
```

```
    uartConfig.callBackFunc          = NULL ;
    HalUARTOpen (0, &uartConfig);

}
```
以上是任务初始化函数部分，因为没有使用串口的回调函数，所以将其初始化为 NULL 即可。
```
UINT16 GenericApp_ProcessEvent( byte task_id, UINT16 events )
{
    afIncomingMSGPacket_t *MSGpkt;
    if ( events & SYS_EVENT_MSG )
    {
        MSGpkt =
            (afIncomingMSGPacket_t *)osal_msg_receive( GenericApp_
            TaskID );
        while ( MSGpkt )
        {
            switch ( MSGpkt->hdr.event )
            {
            case AF_INCOMING_MSG_CMD:     //收到新数据事件
                GenericApp_MessageMSGCB( MSGpkt );
                break;
            case ZDO_STATE_CHANGE:        //建立网络后，设置事件
                GenericApp_NwkState = (devStates_t)(MSGpkt->hdr.status);
                if (GenericApp_NwkState == DEV_ZB_COORD)
                {
                 osal_start_timerEx(GenericApp_TaskID,SEND_TO_ALL_EVE-
                    NT,5000) ;
                }
                break;
            default:
                break;
            }
            osal_msg_deallocate( (uint8 *)MSGpkt );
            MSGpkt =
                (afIncomingMSGPacket_t *)osal_msg_receive( GenericApp_
                TaskID );
        }
        return (events ^ SYS_EVENT_MSG);
    }

    if (events & SEND_TO_ALL_EVENT)          //数据发送事件处理
```

```
        {
            GenericApp_SendTheMessage() ;
            osal_start_timerEx(GenericApp_TaskID,SEND_TO_ALL_EVENT,5000);
            return (events ^ SEND_TO_ALL_EVENT);
        }
        return 0;
    }
```

当网络状态发生变化时,启动定时器定时 5s,定时时间到达后,设置 SEND_TO_ALL_EVENT 事件,在 SEND_TO_ALL_EVENT 事件处理函数中,调用发送数据函数 GenericApp_SendTheMessage(),发送完数据后,再次启动定时器,定时 5s……

```
    void GenericApp_MessageMSGCB( afIncomingMSGPacket_t *pkt )
    {
        char buf[20] ;
        unsigned char buffer[2]  = { 0x0A,0x0D};      //回车换行的ASCII码
        switch ( pkt->clusterId )
        {
            case GENERICAPP_CLUSTERID:
                osal_memcpy(buf,pkt->cmd.Data,20);
                HalUARTWrite(0,buf,20) ;
                HalUARTWrite(0,buffer,2) ;            //输出回车换行符
            break;
        }
    }
```

当收到终端节点发回的数据后,读取该数据,然后发送到串口。

```
    void GenericApp_SendTheMessage( void )
    {
        unsigned char *theMessageData = "Coordinator send!";
        afAddrType_t my_DstAddr;
        my_DstAddr.addrMode = (afAddrMode_t)AddrBroadcast;
        my_DstAddr.endPoint = GENERICAPP_ENDPOINT;
        my_DstAddr.addr.shortAddr = 0xFFFF;
        AF_DataRequest( &my_DstAddr, &GenericApp_epDesc,
                        GENERICAPP_CLUSTERID,
                        osal_strlen(theMessageData)+1,
                        theMessageData,
                        &GenericApp_TransID,
                        AF_DISCV_ROUTE,
                        AF_DEFAULT_RADIUS ) ;
    }
```

使用广播方式发送数据,注意,此时发送模式是广播,如下代码所示:

```
    my_DstAddr.addrMode = (afAddrMode_t)AddrBroadcast;
```

相应的网络地址可以设为 0xFFFF,如下代码所示:
my_DstAddr.addr.shortAddr = 0xFFFF;

> **注意:** 使用广播通信时,网络地址可以有三种 0xFFFF、0xFFFD、0xFFFC,其中,0xFFFF 表示该数据包将在全网广播,包括处于休眠状态的节点;0xFFFD 表示该数据包将只发往所有未处于休眠状态的节点;0xFFFC 表示该数据包发往网络中的所有路由器节点。

将上述代码编译以后下载到开发板。

(2)终端节点程序设计

Enddevice.c 文件内容如下:

```
#include "OSAL.h"
#include "AF.h"
#include "ZDApp.h"
#include "ZDObject.h"
#include "ZDProfile.h"
#include <string.h>
#include "Coordinator.h"
#include "DebugTrace.h"

#if !defined( WIN32 )
#include "OnBoard.h"
#endif

#include "hal_lcd.h"
#include "hal_led.h"
#include "hal_key.h"
#include "hal_uart.h"


const cId_t GenericApp_ClusterList[GENERICAPP_MAX_CLUSTERS] =
{
  GENERICAPP_CLUSTERID
};

const SimpleDescriptionFormat_t GenericApp_SimpleDesc =
{
  GENERICAPP_ENDPOINT,
  GENERICAPP_PROFID,
  GENERICAPP_DEVICEID,
  GENERICAPP_DEVICE_VERSION,
  GENERICAPP_FLAGS,
```

```c
  0,
  (cId_t *)NULL,
  GENERICAPP_MAX_CLUSTERS,
  (cId_t *)GenericApp_ClusterList
};


endPointDesc_t GenericApp_epDesc;
byte GenericApp_TaskID;
byte GenericApp_TransID;
devStates_t GenericApp_NwkState;
void GenericApp_MessageMSGCB( afIncomingMSGPacket_t *pckt );
void GenericApp_SendTheMessage( void );


void GenericApp_Init( byte task_id )
{
    GenericApp_TaskID                  = task_id;
    GenericApp_NwkState                = DEV_INIT;
    GenericApp_TransID                 = 0;
    GenericApp_epDesc.endPoint         = GENERICAPP_ENDPOINT;
    GenericApp_epDesc.task_id          = &GenericApp_TaskID;
    GenericApp_epDesc.simpleDesc       =
              (SimpleDescriptionFormat_t *)&GenericApp_SimpleDesc;
    GenericApp_epDesc.latencyReq       = noLatencyReqs;
    afRegister( &GenericApp_epDesc );
}
UINT16 GenericApp_ProcessEvent( byte task_id, UINT16 events )
{
    afIncomingMSGPacket_t *MSGpkt;
    if ( events & SYS_EVENT_MSG )
    {
        MSGpkt =
            (afIncomingMSGPacket_t *)osal_msg_receive( GenericApp_
              TaskID );
        while ( MSGpkt )
        {
          switch ( MSGpkt->hdr.event )
          {
            case AF_INCOMING_MSG_CMD:
            GenericApp_MessageMSGCB( MSGpkt );
            break;

            default:
              break;
```

```
        }
        osal_msg_deallocate( (uint8 *)MSGpkt );
        MSGpkt = 
            (afIncomingMSGPacket_t *)osal_msg_receive( GenericApp_
             TaskID );
    }
    return (events ^ SYS_EVENT_MSG);
}
return 0;
}
```

上述代码是事件处理函数,如果接收到协调器发送来的数据,则调用 GenericApp_MessageMSGCB()函数对接收到的数据进行处理。

```
void GenericApp_MessageMSGCB( afIncomingMSGPacket_t *pkt )
{
    char *recvbuf ;
    switch ( pkt->clusterId )
    {
        case GENERICAPP_CLUSTERID:
        osal_memcpy(recvbuf,pkt->cmd.Data,osal_strlen("Coordinator send!") + 1);
        if(osal_memcmp(recvbuf,"Coordinator send!",osal_strlen("Coordinator send!")+1))
        {
            GenericApp_SendTheMessage() ;
        }
        else
        {
            //这里可以添加相应的出错代码
        }
        break;
    }
}
```

上述代码是对接收到的数据进行处理,当正确接收到协调器发送的字符串 "Coordinator send!"时,调用函数 GenericApp_SendTheMessage()发送返回消息。

> **注意:** osal_memcmp()函数用于比较两个内存单元中的数据是否相等,如果相等则返回 TRUE。

```
void GenericApp_SendTheMessage( void )
{
    unsigned char *theMessageData = "EndDevice received!";
    afAddrType_t my_DstAddr;
    my_DstAddr.addrMode = (afAddrMode_t)Addr16Bit;
    my_DstAddr.endPoint = GENERICAPP_ENDPOINT;
    my_DstAddr.addr.shortAddr = 0x0000;
    AF_DataRequest( &my_DstAddr, &GenericApp_epDesc,
```

```
                            GENERICAPP_CLUSTERID,
                            osal_strlen(theMessageData)+1,
                            theMessageData,
                            &GenericApp_TransID,
                            AF_DISCV_ROUTE,
                            AF_DEFAULT_RADIUS ) ;
        HalLedSet(HAL_LED_2,HAL_LED_MODE_TOGGLE) ;
}
```

向协调器发送单播数据，注意加粗字体部分的代码实现的是单播通信。

注意： HalLedSet()函数可以设置LED的状态进行翻转。

将上述代码编译以后下载到三块开发板中。

（3）实例测试

设置好串口调试助手，打开协调器电源，然后打开三个终端节点的电源，此时可以看到如下实验现象：

- 每隔5s，串口会显示三个字符串"EndDevice received!"；
- 同时终端节点的LED每隔5s点亮一次。

广播和单播通信实验测试效果图如图6-8所示。

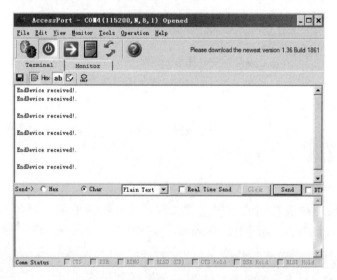

图6-8 广播和单播通信实验测试效果图

这说明终端节点已经收到了协调器发送的数据并发送了回复数据，从而很好地验证了上述理论与代码的正确性。

6.4.2 组播通信

实验原理：协调器周期性的以组播的形式向路由器发送数据（每隔5s发送组播数

据一次），路由器收到数据后，使开发板上的 LED 状态翻转（如果 LED 原来是亮，则熄灭 LED；如果 LED 原来是灭的，则点亮 LED），同时向协调器发送字符串"Router received！"，协调器收到路由器发回的数据后，通过串口输出到 PC 机，用户可以通过串口调试助手查看该信息。

在路由器编程时，将两个路由器和协调器加到一个组中，剩余一个路由器不加入该组，观察实验现象。

组播通信实验原理图如图 6-9 所示。

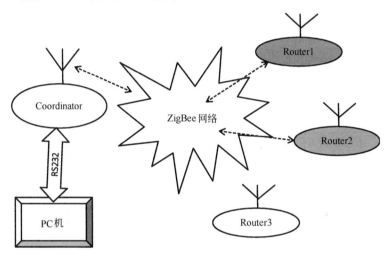

图 6-9　组播通信实验原理图

组播通信实验协调器程序流程图如图 6-10 所示。
组播通信实验路由器程序流程图如图 6-11 所示。

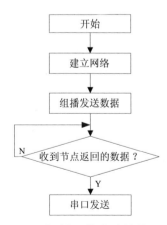

图 6-10　组播通信实验协调器
　　　　　程序流程图

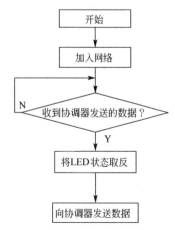

图 6-11　组播通信实验路由器
　　　　　程序流程图

使用组播的方式发送数据时，需要加入特定的组中，现在需要解决的问题是：如何表示一个组呢，如何使节点加入该组中呢？

在 apsgruops.h 文件中有 aps_Group_t 结构体的定义，如下所示：

```
#define APS_GROUP_NAME_LEN    16
typedef struct
{
  uint16 ID;
  uint8  name[APS_GROUP_NAME_LEN];
} aps_Group_t;
```

每个组有一个特定的 ID，然后是组名，组名存放在 name 数组中。

> **注意**：name 数组的第一个元素是组名的长度，从第二个元素开始存放真正的组名字符串。

在程序中可以使用如下方法定义一个组。

```
1   aps_Group_t GenericApp_Group;
2   GenericApp_Group.ID = 0x0001;
3   GenericApp_Group.name[0] = 6;
4   osal_memcpy( &(GenericApp_Group.name[1]),"Group1", 6);
```

第 1 行，定义了一个 aps_Group_t 类型的变量 GenericApp_Group。

第 2 行，将组 ID 初始化为 0x0001。

第 3 行，将组名的长度写入 name 数组的第 1 个元素位置处。

第 4 行，使用 osal_memcpy()函数将组名 "Group1" 拷贝到 name 数组中，从第 2 个元素位置处开始存放组名。

这样就可以使用 aps_AddGroup()函数使该端口加到组中。

```
aps_AddGroup( GENERICAPP_ENDPOINT, &GenericApp_Group );
```

其中，**aps_AddGroup()**函数原型如下：

```
aps_AddGroup(uint8 endpoint,  aps_Group_t *group)
```

（1）协调器程序设计

Coordinator.c 文件内容如下：

```
#include "OSAL.h"
#include "AF.h"
#include "ZDApp.h"
#include "ZDObject.h"
#include "ZDProfile.h"
#include <string.h>
#include "Coordinator.h"
#include "DebugTrace.h"

#if !defined( WIN32 )
```

```
#include "OnBoard.h"
#endif

#include "hal_lcd.h"
#include "hal_led.h"
#include "hal_key.h"
#include "hal_uart.h"
#include "OSAL_Nv.h"
#include "aps_groups.h"//使用加入组函数aps_AddGroup()函数,需要包含头文件

#define SEND_TO_ALL_EVENT    0x01

const cId_t GenericApp_ClusterList[GENERICAPP_MAX_CLUSTERS] =
{
  GENERICAPP_CLUSTERID
};

const SimpleDescriptionFormat_t GenericApp_SimpleDesc =
{
  GENERICAPP_ENDPOINT,
  GENERICAPP_PROFID,
  GENERICAPP_DEVICEID,
  GENERICAPP_DEVICE_VERSION,
  GENERICAPP_FLAGS,
  GENERICAPP_MAX_CLUSTERS,
  (cId_t *)GenericApp_ClusterList,
  0,
  (cId_t *)NULL
};
aps_Group_t GenericApp_Group ;

endPointDesc_t GenericApp_epDesc;
devStates_t GenericApp_NwkState;
byte GenericApp_TaskID;
byte GenericApp_TransID;
void GenericApp_MessageMSGCB( afIncomingMSGPacket_t *pckt );
void GenericApp_SendTheMessage( void );
static void rxCB(uint8 port,uint8 event) ;

void GenericApp_Init( byte task_id )
{
    halUARTCfg_t uartConfig;
```

```
    GenericApp_TaskID                    = task_id;
    GenericApp_TransID                   = 0;
    GenericApp_epDesc.endPoint           = GENERICAPP_ENDPOINT;
    GenericApp_epDesc.task_id            = &GenericApp_TaskID;
    GenericApp_epDesc.simpleDesc         =
            (SimpleDescriptionFormat_t *)&GenericApp_SimpleDesc;
    GenericApp_epDesc.latencyReq         = noLatencyReqs;
    afRegister( &GenericApp_epDesc );
    uartConfig.configured                = TRUE;
    uartConfig.baudRate                  = HAL_UART_BR_115200;
    uartConfig.flowControl               = FALSE;
    uartConfig.callBackFunc              = NULL ;
    HalUARTOpen (0, &uartConfig);
    GenericApp_Group.ID = 0x0001;          //初始化组号
    GenericApp_Group.name[0] = 6;
    osal_memcpy( &(GenericApp_Group.name[1]),"Group1", 6);
}
```

上述代码是任务初始化代码，主要完成端口初始化和组号的初始化。

```
UINT16 GenericApp_ProcessEvent( byte task_id, UINT16 events )
{
    afIncomingMSGPacket_t *MSGpkt;
    if ( events & SYS_EVENT_MSG )
    {
    MSGpkt = (afIncomingMSGPacket_t *)osal_msg_receive( GenericApp_
    TaskID );
    while ( MSGpkt )
    {
      switch ( MSGpkt->hdr.event )
      {
        case AF_INCOMING_MSG_CMD:
            GenericApp_MessageMSGCB( MSGpkt );
            break;
        case ZDO_STATE_CHANGE:
            GenericApp_NwkState = (devStates_t)(MSGpkt->hdr.status);
            if (GenericApp_NwkState == DEV_ZB_COORD)//建立网络后，加入组
            {
            aps_AddGroup( GENERICAPP_ENDPOINT, &GenericApp_Group );
            osal_start_timerEx(GenericApp_TaskID,SEND_TO_ALL_EVENT,
            5000) ;
            }
```

```
                break;
            default:
                break;
        }
        osal_msg_deallocate( (uint8 *)MSGpkt );
        MSGpkt =
            (afIncomingMSGPacket_t *)osal_msg_receive( GenericApp_
            TaskID );
    }
    return (events ^ SYS_EVENT_MSG);
}

if (events & SEND_TO_ALL_EVENT)//发送组播数据,每次发送完就定时 5 秒
{
    GenericApp_SendTheMessage() ;
    osal_start_timerEx(GenericApp_TaskID,SEND_TO_ALL_EVENT,5000);
    return (events ^ SEND_TO_ALL_EVENT);
}
return 0;
}
```
以上代码是任务事件处理函数。
```
void GenericApp_MessageMSGCB( afIncomingMSGPacket_t *pkt )
{
    char buf[17] ;
    unsigned char buffer[2]  = { 0x0A,0x0D};
    switch ( pkt->clusterId )
    {
        case GENERICAPP_CLUSTERID:
            osal_memcpy(buf,pkt->cmd.Data,17);
            HalUARTWrite(0,buf,17) ;
            HalUARTWrite(0,buffer,2) ;
            break;
    }
}
```
当接收到路由器发送的回复信息后,读取并输出到串口。
```
void GenericApp_SendTheMessage( void )
{
    unsigned char *theMessageData = "Coordinator send!";
    afAddrType_t my_DstAddr;
    my_DstAddr.addrMode = (afAddrMode_t)AddrGroup;
    my_DstAddr.endPoint = GENERICAPP_ENDPOINT;
```

```
            my_DstAddr.addr.shortAddr = GenericApp_Group.ID;
            AF_DataRequest( &my_DstAddr, &GenericApp_epDesc,
                        GENERICAPP_CLUSTERID,
                        osal_strlen(theMessageData)+1,
                        theMessageData,
                        &GenericApp_TransID,
                        AF_DISCV_ROUTE,
                        AF_DEFAULT_RADIUS ) ;
}
```

上述函数实现了组播发送，此时地址模式设置为 AddrGroup，网络地址设置为组 ID，即 GenericApp_Group.ID。

将上述代码编译后，下载到开发板即可。

（2）路由器程序设计

如何生成路由器代码呢？前文讲到，在 ZigBee 协议栈中，节点的类型是由编译选项来控制的，在 IAR 开发环境 Workspace 窗口的下拉列表框中选择 RouterEB，然后将 Coordinator.c 文件禁止编译即可（禁止一个文件参与编译的方法请参见 4.2.2 节），路由器配置如图 6-12 所示，这样配置后，将编译得到的代码下载到开发板，该节点启动后就具有了路由器的功能。

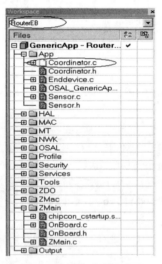

图 6-12　路由器配置

修改 Enddevice.c 文件内容如下：

```
#include "OSAL.h"
#include "AF.h"
#include "ZDApp.h"
#include "ZDObject.h"
#include "ZDProfile.h"
```

```c
#include <string.h>
#include "Coordinator.h"
#include "DebugTrace.h"

#if !defined( WIN32 )
#include "OnBoard.h"
#endif

#include "hal_lcd.h"
#include "hal_led.h"
#include "hal_key.h"
#include "hal_uart.h"

#include "aps_groups.h"     //使用 aps_AddGroup()函数,需要包含头文件
#define SEND_DATA_EVENT 0x01

const cId_t GenericApp_ClusterList[GENERICAPP_MAX_CLUSTERS] =
{
  GENERICAPP_CLUSTERID
};

const SimpleDescriptionFormat_t GenericApp_SimpleDesc =
{
  GENERICAPP_ENDPOINT,
  GENERICAPP_PROFID,
  GENERICAPP_DEVICEID,
  GENERICAPP_DEVICE_VERSION,
  GENERICAPP_FLAGS,
  0,
  (cId_t *)NULL,
  GENERICAPP_MAX_CLUSTERS,
  (cId_t *)GenericApp_ClusterList
};


endPointDesc_t GenericApp_epDesc;
byte GenericApp_TaskID;
byte GenericApp_TransID;
devStates_t GenericApp_NwkState;
aps_Group_t GenericApp_Group ;

void GenericApp_MessageMSGCB( afIncomingMSGPacket_t *pckt );
```

```c
void GenericApp_SendTheMessage( void );


void GenericApp_Init( byte task_id )
{
    GenericApp_TaskID                  = task_id;
    GenericApp_NwkState                = DEV_INIT;
    GenericApp_TransID                 = 0;
    GenericApp_epDesc.endPoint         = GENERICAPP_ENDPOINT;
    GenericApp_epDesc.task_id          = &GenericApp_TaskID;
    GenericApp_epDesc.simpleDesc       =
            (SimpleDescriptionFormat_t *)&GenericApp_SimpleDesc;
    GenericApp_epDesc.latencyReq       = noLatencyReqs;
    afRegister( &GenericApp_epDesc );
    GenericApp_Group.ID = 0x0001;                      //组号初始化
    GenericApp_Group.name[0] = 6;
    osal_memcpy( &(GenericApp_Group.name[1]),"Group1", 6);
}
```

以上代码是任务初始化函数，实现端口的初始化和组号的初始化。

```c
UINT16 GenericApp_ProcessEvent( byte task_id, UINT16 events )
{
    afIncomingMSGPacket_t *MSGpkt;
    if ( events & SYS_EVENT_MSG )
    {
        MSGpkt =
            (afIncomingMSGPacket_t *)osal_msg_receive( GenericApp_
            TaskID );
        while ( MSGpkt )
        {
          switch ( MSGpkt->hdr.event )
          {
            case AF_INCOMING_MSG_CMD:
            GenericApp_MessageMSGCB( MSGpkt );
            break;
            case ZDO_STATE_CHANGE:             //加入网络后，加入组中
            GenericApp_NwkState = (devStates_t)(MSGpkt->hdr.status);
            if (GenericApp_NwkState == DEV_ROUTER)
            {
                 aps_AddGroup( GENERICAPP_ENDPOINT, &GenericApp_Group );
            }
            break;

            default:
              break;
          }
           osal_msg_deallocate( (uint8 *)MSGpkt );
```

```
            MSGpkt = 
                (afIncomingMSGPacket_t *)osal_msg_receive( GenericApp_
                TaskID );
            }
            return (events ^ SYS_EVENT_MSG);
        }
        return 0;
    }
```

以上代码是事件处理函数。当路由器成功加入网络后,调用 aps_AddGroup()函数加到组中。

```
    void GenericApp_MessageMSGCB( afIncomingMSGPacket_t *pkt )
    {
        char buf[18] ;
        switch ( pkt->clusterId )
        {
            case GENERICAPP_CLUSTERID:
            osal_memcpy(buf,pkt->cmd.Data,osal_strlen("Coordinator
            send!") + 1);
            HalLcdWriteString( buf, HAL_LCD_LINE_4 );
            if(osal_memcmp(buf,"Coordinator send!",osal_strlen("Coord-
            inator send!")+1))
            {
                GenericApp_SendTheMessage() ;
            }
             break;
        }
    }
```

接收到协调器发送的数据后,判断是否是"Coordinator send!",如果接收正确,则调用 GenericApp_SendTheMessage()函数,以单播的方式向协调器发送数据。

```
    void GenericApp_SendTheMessage( void )
    {
        unsigned char *theMessageData = "Router received!";
        afAddrType_t my_DstAddr;
        my_DstAddr.addrMode = (afAddrMode_t)Addr16Bit;
        my_DstAddr.endPoint = GENERICAPP_ENDPOINT;
        my_DstAddr.addr.shortAddr = 0x0000;
        AF_DataRequest( &my_DstAddr, &GenericApp_epDesc,
                        GENERICAPP_CLUSTERID,
                        osal_strlen(theMessageData)+1,
                        theMessageData,
                        &GenericApp_TransID,
                        AF_DISCV_ROUTE,
                        AF_DEFAULT_RADIUS ) ;
        HalLedSet(HAL_LED_2,HAL_LED_MODE_TOGGLE) ;
    }
```

以单播的形式向协调器发送数据"Router received!"，发送完数据后，调用 HalLedSet()函数使 LED 的状态翻转。

将上述代码编译，下载到开发板 A 和开发板 B 中（为了讨论问题方便，假设三块开发板的编号为 A、B 和 C）。

然后，将加入组函数 aps_AddGroup()注释掉，如下代码所示。

```
case ZDO_STATE_CHANGE:
        GenericApp_NwkState = (devStates_t)(MSGpkt->hdr.status);
        if (GenericApp_NwkState == DEV_ROUTER)
        {
//       aps_AddGroup( GENERICAPP_ENDPOINT, &GenericApp_Group );
        }
        break;
```

此时，在编译上述修改后的代码并将其下载到开发板 C 中。

（3）实例测试

设置好串口调试助手，打开协调器电源，然后打开三个路由器的电源，此时可以看到如下现象：

- 每隔 5s，串口会显示 2 个字符串"Router received!"，同时开发板 A 和开发板 B 的 LED 每隔 5s 点亮一次；
- 开发板 C 的 LED 始终处于熄灭状态。

组播通信实验测试效果图如图 6-13 所示。

这说明开发板 A 和开发板 B 已经收到了协调器发送的数据并发送了回复数据；但是开发板 C 没有加到组中，所以收不到组播数据。

上述实验现象验证了上述理论与代码的正确性。

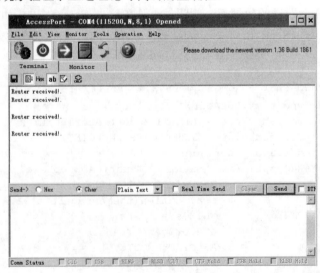

图 6-13　组播通信实验测试效果图

6.5　ZigBee 协议栈网络管理

对于无线传感器网络来说，网络管理的作用也是很明显的。网络管理主要包括两方面的内容：

（1）查询本节点有关的地址信息

查询本节点的地址信息主要有以下几个方面：查看节点的网络地址、MAC 地址、父节点的网络地址以及父节点的 MAC 地址等内容。当然这些函数不需要用户去编写，在 ZigBee 协议栈中已经实现了上述功能的函数，用户只需要熟悉各个函数的使用方法即可。

ZigBee 协议栈实现的网络管理函数如下：

- uint16 NLME_GetShortAddr(void)

该函数返回该节点的网络地址。

- bye　*NLME_GetExtAddr(void)

该函数返回指向该节点 MAC 地址的指针。

- uint16 NLME_GetCoordShortAddr(void)

该函数返回父节点的网络地址。

- void　NLME_GetCoordExtAddr(byte *buf)

该函数的参数是指向存放父节点 MAC 地址的缓冲区的指针。

（2）查询网络中其他节点有关的地址信息

查询网络中其他节点有关的地址信息主要包括：已知节点的 16 位网络地址查询节点的 IEEE 地址；已知节点的 IEEE 地址查询该节点的网络地址。此部分内容在 6.5.2 节网络管理扩展实验部分进行讲解。

6.5.1　网络管理基础实验

前文讲解了 4 个与网络管理有关的函数，下面结合具体实验来展示上述函数的使用方法，同时复习一下 ZigBee 网络基础知识。前文讲到 ZigBee 无线网络是由协调器建立的，其他节点加到网络中，如果网络中只有两个节点，一个是协调器，另一个是路由器，则对路由器而言，协调器就是路由器的父节点，则可以在路由器中调用获取父节点的函数来完成本实验。

实验原理：协调器上电后建立网络，路由器自动加入网络，然后路由器调用上述 4 个函数获取本身的网络地址、MAC 地址、父节点网络地址和父节点 MAC 地址，然后通过串口将其输出到 PC 机。

网络管理实验原理图如图 6-14 所示。

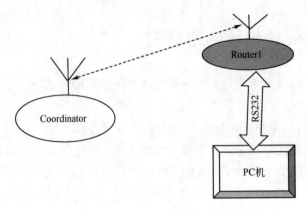

图 6-14 网络管理实验原理图

（1）协调器程序设计
Coordinator.c 文件内容如下：

```c
#include "OSAL.h"
#include "AF.h"
#include "ZDApp.h"
#include "ZDObject.h"
#include "ZDProfile.h"
#include <string.h>
#include "Coordinator.h"
#include "DebugTrace.h"

#if !defined( WIN32 )
  #include "OnBoard.h"
#endif

#include "hal_lcd.h"
#include "hal_led.h"
#include "hal_key.h"
#include "hal_uart.h"
#include "OSAL_Nv.h"
#include "aps_groups.h"

#define SEND_TO_ALL_EVENT    0x01

const cId_t GenericApp_ClusterList[GENERICAPP_MAX_CLUSTERS] =
{
  GENERICAPP_CLUSTERID
};

const SimpleDescriptionFormat_t GenericApp_SimpleDesc =
```

```
{
  GENERICAPP_ENDPOINT,
  GENERICAPP_PROFID,
  GENERICAPP_DEVICEID,
  GENERICAPP_DEVICE_VERSION,
  GENERICAPP_FLAGS,
  GENERICAPP_MAX_CLUSTERS,
  (cId_t *)GenericApp_ClusterList,
  0,
  (cId_t *)NULL
};


endPointDesc_t GenericApp_epDesc;
byte GenericApp_TaskID;

void GenericApp_Init( byte task_id )
{

    GenericApp_TaskID                = task_id;
    GenericApp_TransID               = 0;
    GenericApp_epDesc.endPoint       = GENERICAPP_ENDPOINT;
    GenericApp_epDesc.task_id        = &GenericApp_TaskID;
    GenericApp_epDesc.simpleDesc     =
           (SimpleDescriptionFormat_t *)&GenericApp_SimpleDesc;
    GenericApp_epDesc.latencyReq     = noLatencyReqs;
    afRegister( &GenericApp_epDesc );
}
```
上述函数是任务初始化函数,实现了端口初始化和端口的注册。
```
UINT16 GenericApp_ProcessEvent( byte task_id, UINT16 events )
{

    return 0;
}
```
上述是事件处理函数,没有对具体事件的处理,所以是个空函数。

(2) 路由器程序设计

本实验代码是在组播通信实验所使用的代码基础上进行的修改,修改 Enddevice.c 文件内容如下:
```
#include "OSAL.h"
#include "AF.h"
#include "ZDApp.h"
```

```c
#include "ZDObject.h"
#include "ZDProfile.h"
#include <string.h>
#include "Coordinator.h"
#include "DebugTrace.h"

#if !defined( WIN32 )
#include "OnBoard.h"
#endif

#include "hal_lcd.h"
#include "hal_led.h"
#include "hal_key.h"
#include "hal_uart.h"

#include "aps_groups.h"

#define SHOW_INFO_EVENT    0x01

const cId_t GenericApp_ClusterList[GENERICAPP_MAX_CLUSTERS] =
{
  GENERICAPP_CLUSTERID
};

const SimpleDescriptionFormat_t GenericApp_SimpleDesc =
{
  GENERICAPP_ENDPOINT,
  GENERICAPP_PROFID,
  GENERICAPP_DEVICEID,
  GENERICAPP_DEVICE_VERSION,
  GENERICAPP_FLAGS,
  0,
  (cId_t *)NULL,
  GENERICAPP_MAX_CLUSTERS,
  (cId_t *)GenericApp_ClusterList
};

endPointDesc_t GenericApp_epDesc;
byte GenericApp_TaskID;
byte GenericApp_TransID;
```

```
devStates_t GenericApp_NwkState;

void ShowInfo( void );
void To_string(uint8 *dest,char * src,uint8 length) ;

typedef struct RFTXBUF
{
    uint8 myNWK[4] ;            //存储本节点的网络地址
    uint8 myMAC[16] ;           //存储本节点的MAC地址
    uint8 pNWK[4] ;             //存储父节点的网络地址
    uint8 pMAC[16] ;            //存储父节点的MAC地址
}RFTX ;


void GenericApp_Init( byte task_id )
{
    halUARTCfg_t uartConfig;
    GenericApp_TaskID              = task_id;
    GenericApp_NwkState            = DEV_INIT;
    GenericApp_TransID             = 0;
    GenericApp_epDesc.endPoint     = GENERICAPP_ENDPOINT;
    GenericApp_epDesc.task_id      = &GenericApp_TaskID;
    GenericApp_epDesc.simpleDesc   =
              (SimpleDescriptionFormat_t *)&GenericApp_
              SimpleDesc;
    GenericApp_epDesc.latencyReq   = noLatencyReqs;
    afRegister( &GenericApp_epDesc );
    uartConfig.configured          = TRUE;
    uartConfig.baudRate            = HAL_UART_BR_115200;
    uartConfig.flowControl         = FALSE;
    uartConfig.callBackFunc        = NULL ;
    HalUARTOpen (0, &uartConfig);
}
```
上述是任务初始化代码。在路由器代码中加入了串口的初始化函数，这样就可以使用串口了，加粗字体部分是添加的串口初始化代码。
```
UINT16 GenericApp_ProcessEvent( byte task_id, UINT16 events )
{
    afIncomingMSGPacket_t *MSGpkt;
    if ( events & SYS_EVENT_MSG )
    {
        MSGpkt = (afIncomingMSGPacket_t *)osal_msg_receive
```

```
              ( GenericApp_TaskID );
         while ( MSGpkt )
         {
           switch ( MSGpkt->hdr.event )
           {
             case ZDO_STATE_CHANGE:
             GenericApp_NwkState = (devStates_t)(MSGpkt->hdr.
             status);
             if (GenericApp_NwkState == DEV_ROUTER)
             {
                 osal_set_event(GenericApp_TaskID, SHOW_INFO_EVENT);
             }
             break;
             default:
               break;
          }
             osal_msg_deallocate( (uint8 *)MSGpkt );
             MSGpkt = (afIncomingMSGPacket_t *)osal_msg_receive
             ( GenericApp_TaskID );
         }
         return (events ^ SYS_EVENT_MSG);
     }
     if (events & SHOW_INFO_EVENT)
     {
         ShowInfo() ;
         osal_start_timerEx(GenericApp_TaskID,SEND_DATA_EVENT,5000);
         return (events ^ SHOW_INFO_EVENT);
     }
     return 0;
}
```

上述是事件处理函数，路由器加入网络后，将设置事件 SHOW_INFO_EVENT，在 SHOW_INFO_EVENT 事件处理函数中，调用 ShowInfo()函数显示相关的地址信息。

```
     void ShowInfo( void )
     {
         RFTX rftx ;
         uint16 nwk ;
         uint8 buf[8] ;
         uint8 changline[2] = {0x0A,0x0D} ;        //回车换行符的ASCII码
1        nwk = NLME_GetShortAddr() ;
2        To_string(rftx.myNWK,(uint8 *)&nwk,2) ;
```

```
3    To_string(rftx.myMAC,NLME_GetExtAddr(),8) ;
4    nwk = NLME_GetCoordShortAddr() ;
5    To_string(rftx.pNWK,(uint8 *)&nwk,2) ;
6    NLME_GetCoordExtAddr(buf) ;
7    To_string(rftx.pMAC,buf,8) ;
8    HalUARTWrite(0,"NWK:",osal_strlen("NWK:")) ;
9    HalUARTWrite(0,rftx.myNWK,4) ;
10   HalUARTWrite(0," MAC:",osal_strlen(" MAC:")) ;
11   HalUARTWrite(0,rftx.myMAC,16) ;
12   HalUARTWrite(0," p-NWK:",osal_strlen(" p-NWK:")) ;
13   HalUARTWrite(0,rftx.pNWK,4) ;
14   HalUARTWrite(0," p-MAC:",osal_strlen(" p-MAC:")) ;
15   HalUARTWrite(0,rftx.pMAC,16) ;
16   HalUARTWrite(0,changline,2) ;
}
```

第 1 行，调用 NLME_GetShortAddr()函数获取本节点的网络地址，因为 NLME_GetShortAddr()函数的返回值就是节点的网络地址，所以直接将其赋值给一个变量即可。

第 2 行，调用 To_string()函数使网络地址以 16 进制的形式输出到串口。

第 3 行，NLME_GetExtAddr()函数返回的是指向节点 MAC 地址的指针，所以可以直接作为 To_string()函数的参数传递，To_string()函数函数将 MAC 地址转换为 16 进制的形式存储在 rftx.myMAC 数组中。

第 4 行，调用 NLME_GetCoordShortAddr ()函数获取父节点的网络地址，因为 NLME_GetCoordShortAddr ()函数的返回值就是父节点的网络地址，所以直接将其赋值给一个变量即可。

第 5 行，调用 To_string()函数使父节点的网络地址转换为 16 进制的形式存储在 rftx.pNWK 数组中。

第 6 行，NLME_GetCoordExtAddr()函数的参数是指向存放父节点 MAC 地址的指针，所以需要定义一个存放父节点 MAC 地址的缓冲区 buf[8]，然后调用 NLME_GetCoordExtAddr()函数后，会将父节点的 MAC 地址存放到上述定义的缓冲区中。

注意：NLME_GetExtAddr()函数和 NLME_GetCoordExtAddr()函数的用法需要注意，特别是初学者，需要注意这两个函数的区别。

第 7 行，调用 To_string()函数将父节点的 MAC 地址转换为 16 进制的形式存储在 rftx.pMAC 数组中。

第 9~16 行，调用串口输出函数将上述地址输出到串口。

（3）实例测试

设置好串口调试助手，打开协调器电源，然后打开路由器的电源，此时可以看到串口已经输出了节点的网络地址、MAC 地址、父节点的网络地址和父节点的 MAC 地址信息，网络管理基础实验测试如图 6-15 所示。

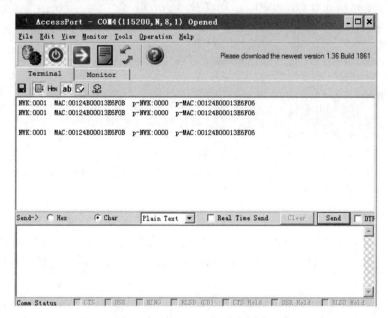

图 6-15　网络管理基础实验测试

前文提到在 ZigBee 无线网络中，协调器的网络地址默认是 0x0000，通过本实验恰好验证了上述结论。路由器的网络地址为什么是 0x0001 呢？

请读者回顾一下 6.2 节 ZigBee 无线网络中的地址分配机制一节，答案会很容易找到。

6.5.2　网络管理扩展实验

前文讲解到，查询网络中其他节点的地址信息主要包括已知节点的 16 位网络地址查询节点的 IEEE 地址和已知节点的 IEEE 地址查询该节点的网络地址两方面内容，下面以一个具体实验讲解已知节点的网络地址查询其 IEEE 地址的方法。

因为协调器的网络地址是 0x0000，因此，可以从路由器发送地址请求，来得到协调器的 IEEE 地址，下面以此为例进行讲解（其他情况相类似）。

首先，路由器调用 ZDP_IEEEAddrReq(0x0000,0,0,0)函数（第 2～4 个参数默认为 0 即可），ZDP_IEEEAddrReq()函数原型如下：

```
ZDP_IEEEAddrReq( uint16 shortAddr, byte ReqType,byte StartIndex, byte
SecurityEnable )
```

此时，该函数会进一步调用一些协议栈中的函数，最终将该请求通过天线发送出去。

网络中网络地址为 0x0000 的节点会对该请求作出响应，并将其 IEEE 地址以及其他一些参数封装在一个数据包中发送给路由器，路由器收到该数据包后，各层进行校验，最终发送给应用层一个消息 ZDO_CB_MSG，该消息中就包含了协调器的 IEEE 地址信息。

在应用层就可以调用 ZDO_ParseAddrRsp()函数对消息包进行解析，最终得到协调器的 IEEE 地址。ZDO_ParseAddrRsp()函数原型如下：
ZDO_NwkIEEEAddrResp_t *ZDO_ParseAddrRsp(zdoIncomingMsg_t *inMsg)
总结起来就是如下 3 步：
- 第一，调用 ZDP_IEEEAddrReq()函数发送地址请求；
- 第二，等待协调器发送自身的 IEEE 地址（协议栈自动完成，用户不需要处理）；
- 第三，添加 ZDO_CB_MSG 消息响应函数，并调用 ZDO_ParseAddrRsp()函数对数据包进行解析得到所需要的 IEEE 地址。

（1）协调器程序设计

协调器代码不需要改动即可。

注意：本实验是所使用的代码是在 6.4.1 节网络管理基础实验基础上略作改动，具体协调器代码请读者参见 6.4.1 节即可。

（2）路由器程序设计

修改 Enddevice.c 文件内容如下：
```
#include "OSAL.h"
#include "AF.h"
#include "ZDApp.h"
#include "ZDObject.h"
#include "ZDProfile.h"
#include <string.h>
#include "Coordinator.h"
#include "DebugTrace.h"

#if !defined( WIN32 )
#include "OnBoard.h"
#endif

#include "hal_lcd.h"
#include "hal_led.h"
#include "hal_key.h"
#include "hal_uart.h"

#include "aps_groups.h"
```

```c
#define SEND_DATA_EVENT 0x01

const cId_t GenericApp_ClusterList[GENERICAPP_MAX_CLUSTERS] =
{
  GENERICAPP_CLUSTERID
};

const SimpleDescriptionFormat_t GenericApp_SimpleDesc =
{
  GENERICAPP_ENDPOINT,
  GENERICAPP_PROFID,
  GENERICAPP_DEVICEID,
  GENERICAPP_DEVICE_VERSION,
  GENERICAPP_FLAGS,
  0,
  (cId_t *)NULL,
  GENERICAPP_MAX_CLUSTERS,
  (cId_t *)GenericApp_ClusterList
};


endPointDesc_t GenericApp_epDesc;
byte GenericApp_TaskID;
byte GenericApp_TransID;
devStates_t GenericApp_NwkState;


void ShowInfo( void );
void To_string(uint8 *dest,char * src,uint8 length) ;
void GenericApp_ProcessZDOMsgs( zdoIncomingMsg_t *inMsg ) ;
```
增加了 GenericApp_ProcessZDOMsgs()函数对 ZDO_CB_MSG 消息进行响应。
```c
typedef struct RFTXBUF
{
    uint8 myNWK[4] ;
    uint8 myMAC[16] ;
    uint8 pNWK[4] ;
    uint8 pMAC[16] ;
}RFTX ;


void GenericApp_Init( byte task_id )
```

```
{
    halUARTCfg_t uartConfig;
    GenericApp_TaskID                   = task_id;
    GenericApp_NwkState                 = DEV_INIT;
    GenericApp_TransID                  = 0;
    GenericApp_epDesc.endPoint          = GENERICAPP_ENDPOINT;
    GenericApp_epDesc.task_id           = &GenericApp_TaskID;
    GenericApp_epDesc.simpleDesc        =
            (SimpleDescriptionFormat_t *)&GenericApp_
            SimpleDesc;
    GenericApp_epDesc.latencyReq        = noLatencyReqs;
    afRegister( &GenericApp_epDesc );
    uartConfig.configured               = TRUE;
    uartConfig.baudRate                 = HAL_UART_BR_115200;
    uartConfig.flowControl              = FALSE;
    uartConfig.callBackFunc             = NULL ;
    HalUARTOpen (0, &uartConfig);
    ZDO_RegisterForZDOMsg(GenericApp_TaskID,IEEE_addr_rsp) ;
}
```

在应用层要想获得对 IEEE_addr_rsp 的响应，需要调用 ZDO_RegisterForZDOMsg()函数进行注册，ZDO_RegisterForZDOMsg()函数原型如下：

```
ZStatus_t ZDO_RegisterForZDOMsg( uint8 taskID, uint16 clusterID )
UINT16 GenericApp_ProcessEvent( byte task_id, UINT16 events )
{
    afIncomingMSGPacket_t *MSGpkt;
    if ( events & SYS_EVENT_MSG )
    {
        MSGpkt =
            (afIncomingMSGPacket_t *)osal_msg_receive( GenericApp_
            TaskID );
        while ( MSGpkt )
        {
          switch ( MSGpkt->hdr.event )
            {
                case ZDO_CB_MSG:
                    GenericApp_ProcessZDOMsgs( (zdoIncomingMsg_t *)MSGpkt );
                    break;
                case ZDO_STATE_CHANGE:
                GenericApp_NwkState = (devStates_t)(MSGpkt->hdr.
                status);
```

```c
            if (GenericApp_NwkState == DEV_ROUTER)
            {
                osal_set_event(GenericApp_TaskID,SEND_DATA_EVENT) ;
            }
            break;
        default:
            break;
        }
        osal_msg_deallocate( (uint8 *)MSGpkt );
        MSGpkt =
        afIncomingMSGPacket_t)osal_msg_receive( GenericApp_
        TaskID );
    }
    return (events ^ SYS_EVENT_MSG);
}
if (events & SEND_DATA_EVENT)
{
    ShowInfo() ;
    ZDP_IEEEAddrReq(0x0000,0,0,0) ;  //请求协调器的IEEE地址
    osal_start_timerEx(GenericApp_TaskID,SEND_DATA_EVENT,5000);
    return (events ^ SEND_DATA_EVENT);
}
return 0;
}
```

上述代码是事件处理函数。

```c
void GenericApp_ProcessZDOMsgs( zdoIncomingMsg_t *inMsg )
{
    char buf[16] ;
    char changeline[2] = {0x0A,0x0D} ;
    switch ( inMsg->clusterID )
    {
    case IEEE_addr_rsp:
    {
1     ZDO_NwkIEEEAddrResp_t *pRsp = ZDO_ParseAddrRsp( inMsg );
    if ( pRsp )
    {
2     if ( pRsp->status == ZSuccess )
    {
3     To_string(buf,pRsp->extAddr,8) ;
4     HalUARTWrite(0,"Coordinator MAC: ",osal_strlen
      ("Coordinator MAC: ") ) ;
```

```
       5  HalUARTWrite(0,buf,16) ;
       6  HalUARTWrite(0,changeline,2) ;
      }
       7  osal_mem_free( pRsp );
     }
   }
   break;
  }
}
```

第 1 行,调用 ZDO_ParseAddrRsp()函数对收到的数据包进行解析,解析完成后,pRsp 指向了数据包的存放地址处。

第 2 行,判断数据包解析是否正确,如果解析正确,该表达式成立。

第 3 行,将协调器的 IEEE 地址转换为 16 进制的形式存储在 buf 数组中。

第 4～6 行,将数据发送到串口即可。

第 7 行,调用 osal_mem_free()函数释放数据包缓冲区即可。

注意: 关于 ZDO_ParseAddrRsp()函数,读者不需要过多关注其实现细节,只需要知道该函数返回值中包含了协调器的 IEEE 地址信息,该函数的返回值是 ZDO_NwkIEEEAddrResp_t 类型的结构体,该结构体的定义如下:

```
typedef struct
{
  uint8  status;
  uint16 nwkAddr;
  uint8  extAddr[Z_EXTADDR_LEN];
  uint8  numAssocDevs;
  uint8  startIndex;
  uint16 devList[];
} ZDO_NwkIEEEAddrResp_t;
```

可见,该结构体中成员变量较多,此时,读者只需要找到 IEEE 地址的存放位置即可。

```
void ShowInfo( void )
{
    RFTX rftx ;
    uint16 nwk ;
    uint8 buf[8] ;
    uint8 changline[2] = {0x0A,0x0D} ;
    nwk = NLME_GetShortAddr() ;
    To_string(rftx.myNWK,(uint8 *)&nwk,2) ;
    To_string(rftx.myMAC,NLME_GetExtAddr(),8) ;
```

```
            nwk = NLME_GetCoordShortAddr() ;
            To_string(rftx.pNWK,(uint8 *)&nwk,2) ;
            NLME_GetCoordExtAddr(buf) ;
            To_string(rftx.pMAC,buf,8) ;
            HalUARTWrite(0,"NWK:",osal_strlen("NWK:")) ;
            HalUARTWrite(0,rftx.myNWK,4) ;
            HalUARTWrite(0,"  MAC:",osal_strlen("  MAC:")) ;
            HalUARTWrite(0,rftx.myMAC,16) ;
            HalUARTWrite(0,"  p-NWK:",osal_strlen("  p-NWK:")) ;
            HalUARTWrite(0,rftx.pNWK,4) ;
            HalUARTWrite(0,"  p-MAC:",osal_strlen("  p-MAC:")) ;
            HalUARTWrite(0,rftx.pMAC,16) ;
            HalUARTWrite(0,changline,2) ;

        }
        void To_string(uint8 *dest,char * src,uint8 length)
        {
            uint8 *xad ;
            uint8 i  = 0;
            uint8 ch;
            xad = src + length -1 ;
            for (i = 0; i < length; i++,xad--)
            {
                ch = (*xad >> 4) & 0x0F;
                dest[i<<1] = ch + (( ch < 10 ) ? '0' : '7');
                ch = *xad & 0x0F;
                dest[(i<<1) + 1] = ch + (( ch < 10 ) ? '0' : '7');
            }
        }
```

上述两个函数功能与 6.4.1 节中所讲解的内容一致，在此不再赘述。

（3）实例测试

设置好串口调试助手，打开协调器电源，然后打开路由器的电源，此时可以看到串口已经输出了节点的网络地址、MAC 地址、父节点的网络地址和父节点的 MAC 地址信息，同时将请求得到的协调器的 IEEE 地址也显示出来了，网络管理扩展实验测试如图 6-16 所示。

可见，路由器可以调用 NLME_GetCoordExtAddr()函数得到协调器的 IEEE 地址，也可以使用 ZDP_IEEEAddrReq()函数查询协调器的 IEEE 地址，这两种方法得到的都是协调器的 IEEE 地址，所以应该是相同的，从图 6-16 中可以看到该地址为 00124B00013E6F06，因此验证了上述论述的正确性。

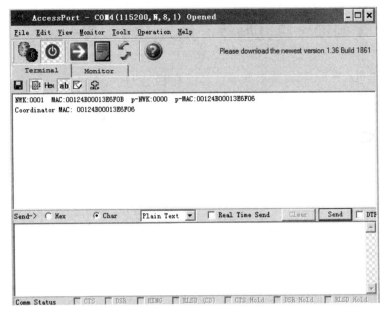

图 6-16 网络管理扩展实验测试

注意： 本节实验只是一个很简单的情况，读者可以参考此实验的方法来尝试其他类型的地址查询方法。

6.5.3 获得网络拓扑

经过前文的讲解，相信读者对 ZigBee 无线网络管理有了初步的了解，下面分析一下如何获取网络的拓扑结构，通俗点讲，在网络中，如果每个节点的网络地址和父节点的网络地址都可以获取，那么网络拓扑将很容易得到，所以获得网络拓扑的方法是：获得每个节点的网络地址以及其父节点的网络地址，然后发送给协调器，这样协调器中就汇集了整个网络拓扑的信息。

读者可以按照上述思路自行练习，争取凭借自己的努力实现网络拓扑的获取，在本书第 7 章 7.2 节将对网络拓扑进行讨论和分析。

6.6 本章小结

本章对 ZigBee 无线网络中的网络地址类型、分类以及 ZigBee 协议栈中是采用什么样的数据结构来支持上述地址类型进行了讨论与分析，同时对网络中的通信方式（广播、单播和组播）进行了讲解，同时给出了具体的实验。在本章最后讲解了网络管理的概念以及相关的函数，同时结合一个具体的实验向读者展示了相关函数的使用方法和技巧。

6.7 扩展阅读之建立网络、加入网络流程分析[1]

经过前面几章的讲解，笔者对如何使用 ZigBee 协议栈进行应用程序开发进行了讲解，读者在阅读过程中可能会遇到很多问题，例如，在协调器程序代码中有如下代码段：

```
switch ( MSGpkt->hdr.event )
{
    ……
    case ZDO_STATE_CHANGE:
        GenericApp_NwkState = (devStates_t)(MSGpkt->hdr.status);
        if (GenericApp_NwkState == DEV_ZB_COORD)//建立网络
        {
            //在此可以添加相应的代码
        }
    break;
    ……
}
```

此外在终端节点代码中有如下代码段：

```
switch ( MSGpkt->hdr.event )
{
    ……
    case ZDO_STATE_CHANGE:
        GenericApp_NwkState = (devStates_t)(MSGpkt->hdr.status);
        if (GenericApp_NwkState == DEV_END_DEVICE)//加入网络
        {
            //在此可以添加相应的代码
        }
    break;
    ……
}
```

在路由器代码中有如下代码段：

```
switch ( MSGpkt->hdr.event )
{
    ……
    case ZDO_STATE_CHANGE:
        GenericApp_NwkState = (devStates_t)(MSGpkt->hdr.status);
        if (GenericApp_NwkState == DEV_ROUTER)//加入网络
        {
```

---

[1] 本节扩展阅读部分知识点难道较大，读者可以有选择地阅读。

```
            //在此可以添加相应的代码
        }
    break;
    ……
}
```

上述代码中的 GenericApp_NwkState 变量定义如下：

```
devStates_t GenericApp_NwkState;
```

其中 devStates_t 类型定义如下：

```
typedef enum
{
  DEV_HOLD,
  DEV_INIT,
  DEV_NWK_DISC,
  DEV_NWK_JOINING,
  DEV_NWK_REJOIN,
  DEV_END_DEVICE_UNAUTH,
  DEV_END_DEVICE,
  DEV_ROUTER,
  DEV_COORD_STARTING,
  DEV_ZB_COORD,
  DEV_NWK_ORPHAN
} devStates_t;
```

可见，DEV_ZB_COORD、DEV_END_DEVICE、DEV_ROUTER 三个值都是包含在枚举类型 devStates_t 中。但是在任务初始化代码中已经将 GenericApp_NwkState 变量初始化为 DEV_INIT，如下代码所示：

```
void GenericApp_Init( byte task_id )
{
    GenericApp_TaskID              = task_id;
    GenericApp_NwkState            = DEV_INIT;
    GenericApp_TransID             = 0;
    GenericApp_epDesc.endPoint     = GENERICAPP_ENDPOINT;
    GenericApp_epDesc.task_id      = &GenericApp_TaskID;
    GenericApp_epDesc.simpleDesc   =
             (SimpleDescriptionFormat_t *)&GenericApp_
             SimpleDesc;
    GenericApp_epDesc.latencyReq   = noLatencyReqs;
    afRegister( &GenericApp_epDesc );
    ……
}
```

现在问题就呈现出来了，GenericApp_NwkState 变量的值是从什么地方转变为 DEV_ZB_COORD、DEV_END_DEVICE、DEV_ROUTER 的呢？

因为 TI 公司的 ZigBee 协议栈是半开源的，网络层部分代码并不是开源的，所以这给读者理解网络的建立过程增加了一定的难度，前文讲解到运行于端口 0 的 ZDO 负责应用层用户程序和网络层之间的通信，下面看一下 ZDO 程序都做了哪些事情：在 ZDO 文件夹下找到 ZDApp.c 文件，在 ZDApp.c 文件同样可以找到任务初始化函数 ZDApp_Init()和事件处理函数 ZDApp_event_loop ()，ZDApp.c 文件如图 6-17 所示。

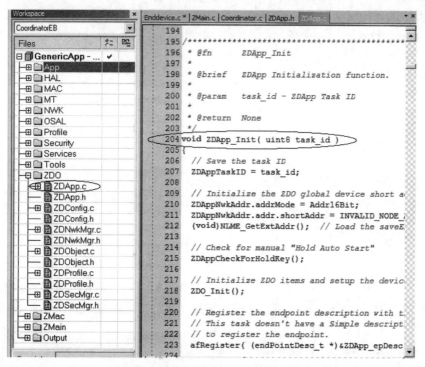

图 6-17　ZDApp.c 文件

因为整个 ZigBee 协议栈是基于事件驱动的，因此，阅读代码时不应该从头到尾地读某一个文件，正确的阅读顺序是知道系统每一步都需要处理哪些事件，然后查找相应的事件处理函数，按照这条线索很容易找到网络的建立过程，协调器建立网络过程如图 6-18 所示。

从图 6-18 中可以看到，网络的建立过程是由 ZDO 来实现的，网络建立以后，在应用层会收到 ZDO_STATE_CHANGE 消息，对该消息中包含了当前节点的网络状态，使用下述代码：

GenericApp_NwkState = (devStates_t)(MSGpkt->hdr.status);

即可读取当前网络的状态，对于协调器而言，网络建立以后，网络状态为 DEV_ZB_COOR。

终端节点加入网络过程如图 6-19 所示。

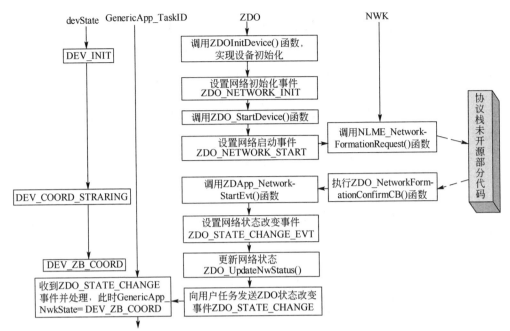

图 6-18 协调器建立网络过程

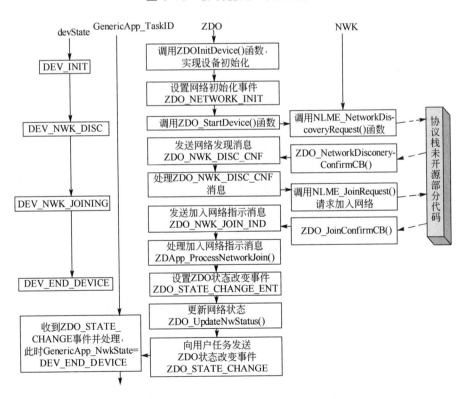

图 6-19 终端节点加入网络过程

从图 6-19 中可以看到，终端节点加入网络的过程是由 ZDO 来实现的，当终端节点成功加入网络以后，在应用层会收到 ZDO_STATE_CHANGE 消息，对该消息中包含了当前节点的网络状态，使用下述代码：

```
GenericApp_NwkState = (devStates_t)(MSGpkt->hdr.status);
```

即可读取当前网络的状态，对于终端节点而言，网络建立以后，网络状态为 DEV_END_DEVICE。

路由器加入网络过程如图 6-20 所示。

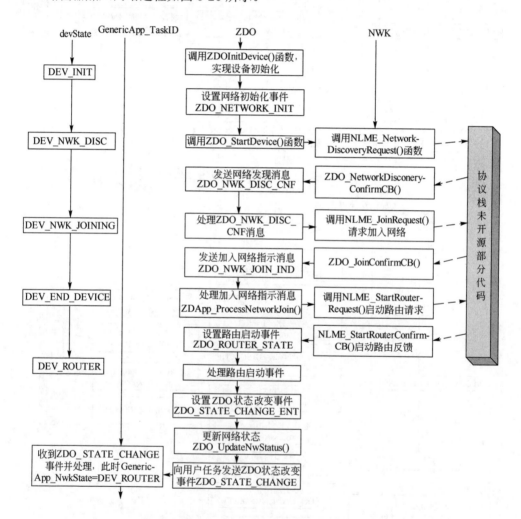

图 6-20　路由器加入网络过程

从图 6-20 中可以看到，路由器加入网络的过程是由 ZDO 来实现的，当路由器成功加入网络以后，在应用层会收到 ZDO_STATE_CHANGE 消息，对该消息中包含了当前节点的网络状态，使用下述代码：

```
GenericApp_NwkState = (devStates_t)(MSGpkt->hdr.status);
```

即可读取当前网络的状态，对于路由器而言，加入网络以后，网络状态为 DEV_ROUTER。

第7章 ZigBee 无线传感器网络综合实战

无线传感器网络（Wireless Sensor Network，WSN）由部署在被检测区域的大量微型传感器节点组成，这些节点通过无线通信的方式形成一个多跳、自组织的网络系统，用于感知、采集和处理网络覆盖区域中被感知对象的信息。在无线传感器网络使用过程中，有以下几方面的问题。

- 网络节点通信抗干扰：在无线传感器网络节点的通信过程中，信号可能被一些障碍物或其他电子信号干扰，怎样安全、有效地在网络中传输数据是个重要的问题；
- 网络节点能量供应：无线传感器网络节点供电问题需要注意，一般节点供电方式有电池供电、太阳能供电、电池无线充电等；
- 高效、稳定的网络拓扑：网络拓扑结构对于网络管理、网络节点间的数据传输有着重要的作用，如何选择高效、稳定的网络拓扑需要引起注意。

然而，随着 ZigBee 技术的逐步推广应用，上述问题正在逐步得到解决。

本书前几章主要以实验为主，理论与实验相结合，讲解了利用 ZigBee 协议栈进行 ZigBee 无线传感器网络开发的基本步骤，目前市面上已经有一部分 ZigBee 产品，包括开发板、ZigBee 数据传输模块等，本章结合几个典型系统进行讲解，向读者展示 ZigBee 产品开发的基本思路以及编程技巧。

7.1 ZigBee 无线传感器网络获取网络拓扑实战

上一章讲解了网络节点地址（网络地址、MAC 地址、父节点网络地址以及父节点 MAC 地址）的获取方法，要获取网络的拓扑信息，需要知道每个网络节点的网络地址以及父节点的网络地址。

可以考虑采用如下思路来获得网络的拓扑信息：

节点上电后，将自身的网络地址以及父节点的网络地址发送给协调器，通过串口给协调器发送命令，协调器收到命令后，将各个节点的网络地址以及其父节点的网络地址发送到 PC 机，这样就可以得到网络的拓扑结构。

用户可以通过串口向协调器发送命令"topology"，协调器接收到命令后，将网络拓扑信息发送到 PC 机。

7.1.1 系统设计原理

系统设计原理图如图 7-1 所示。

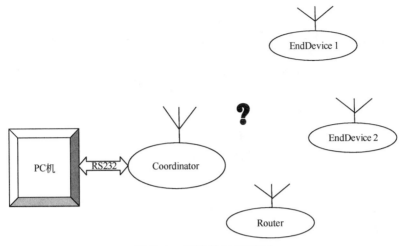

图 7-1　系统设计原理图

系统上电后，各个节点需要将自身设备类型、网络地址、父节点网络地址发送给协调器，因此，需要设计一个数据结构，用其来表示这个节点的信息，在本实验中设计的数据结构如表 7-1 所示。

表 7-1　数据结构

结构	设备类型	节点网络地址	父节点网络地址
长度/字节	3	2	2

其中，设备类型用于标识节点的类型，有两种：终端节点和路由器，如果节点是终端节点，则设备类型字段填充"END"；如果节点是路由器，在设备类型字段填充"ROU"。

7.1.2　协调器编程

该实验中，协调器文件布局[1]如图 7-2 所示（注意，Workspace 下面的下拉列表框中选择的是 Coordinator-EB，并且对于协调器而言，Enddevice.c 不参与编译）。

修改 OSAL_GenericApp.c 文件，将 #include "GenericApp.h" 注释掉，然后添加 #include "Coordinator.h" 即可，修改 OSAL_GenericApp.c 文件如

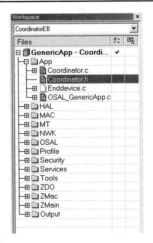

图 7-2　协调器文件布局

---

[1] 使用 ZigBee 协议栈进行应用程序开发时，一般情况不需要用户建立新工程，只需要在 TI 提供的几个例子的基础上进行修改即可，TI 提供的 ZigBee 协议栈开发例子的存储位置在以下路径：C:\Texas Instruments\ZStack-CC2530-2.3.0-1.4.0\Projects\zstack\Samples，用户选择一个工程进行修改就可以使用，在本实验中，所使用的工程在以下路径：C:\Texas Instruments\ZStack-CC2530-2.3.0-1.4.0\Projects\zstack\Samples\GenericApp\ CC2530DB，打开 GenericApp.eww 即可。

图 7-3 所示。

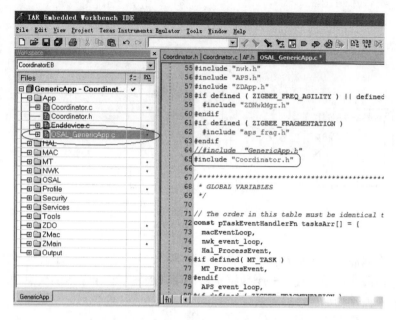

图 7-3　修改 OSAL_GenericApp.c 文件

Coordinator.h 文件内容如下：
```
#ifndef COORDINATOR_H
#define COORDINATOR_H

#include "ZComDef.h"

#define GENERICAPP_ENDPOINT            10
#define GENERICAPP_PROFID              0x0F04
#define GENERICAPP_DEVICEID            0x0001
#define GENERICAPP_DEVICE_VERSION      0
#define GENERICAPP_FLAGS               0
#define GENERICAPP_MAX_CLUSTERS        1
#define GENERICAPP_CLUSTERID           1


typedef struct RFTXBUF
{
    uint8 type[3] ;
    uint8 myNWK[4] ;
    uint8 pNWK[4] ;
}RFTX ;
```
说明：添加了该结构体，用于存放节点的信息：设备类型、网络地址、父节点网络地址。

```
extern void GenericApp_Init( byte task_id );
extern UINT16 GenericApp_ProcessEvent( byte task_id, UINT16 events );

#endif
```

Coordinator.c 文件内容如下：

```
#include "OSAL.h"
#include "AF.h"
#include "ZDApp.h"
#include "ZDObject.h"
#include "ZDProfile.h"
#include <string.h>
#include "Coordinator.h"
#include "DebugTrace.h"

#if !defined( WIN32 )
#include "OnBoard.h"
#endif

#include "hal_lcd.h"
#include "hal_led.h"
#include "hal_key.h"
#include "hal_uart.h"
#include "OSAL_Nv.h"
```

说明：上述包含的头文件是从 GenericApp.c 文件复制得到的，只需要用#include "Coordinator.h"将 #include "GenericApp.h"替换即可，如上述代码中加粗字体部分所示。

```
const cId_t GenericApp_ClusterList[GENERICAPP_MAX_CLUSTERS] =
{
  GENERICAPP_CLUSTERID
};

const SimpleDescriptionFormat_t GenericApp_SimpleDesc =
{
  GENERICAPP_ENDPOINT,
  GENERICAPP_PROFID,
  GENERICAPP_DEVICEID,
  GENERICAPP_DEVICE_VERSION,
  GENERICAPP_FLAGS,
  GENERICAPP_MAX_CLUSTERS,
```

```
    (cId_t *)GenericApp_ClusterList,
    0,
    (cId_t *)NULL
};
```
说明：以上是设备简单描述符的定义。

```
endPointDesc_t GenericApp_epDesc;
devStates_t GenericApp_NwkState;
byte GenericApp_TaskID;
byte GenericApp_TransID;
RFTX nodeinfo[3] ;
uint8 nodenum = 0 ;
```
说明：定义了一个 RFTX 类型的组，本实验中使用了一个协调器和 3 个节点，所以该数组包含 3 个元素即可，每个元素对应一个节点。

```
    void GenericApp_MessageMSGCB( afIncomingMSGPacket_t *pckt );
    void GenericApp_SendTheMessage( void );
    static void rxCB(uint8 port,uint8 event) ;


    void GenericApp_Init( byte task_id )
    {
        halUARTCfg_t uartConfig;
        GenericApp_TaskID                = task_id;
        GenericApp_TransID               = 0;
        GenericApp_epDesc.endPoint       = GENERICAPP_ENDPOINT;
        GenericApp_epDesc.task_id        = &GenericApp_TaskID;
        GenericApp_epDesc.simpleDesc     =
                    (SimpleDescriptionFormat_t *)&GenericApp_
                    SimpleDesc;
        GenericApp_epDesc.latencyReq     = noLatencyReqs;
        afRegister( &GenericApp_epDesc );
        uartConfig.configured            = TRUE;
        uartConfig.baudRate              = HAL_UART_BR_115200;
        uartConfig.flowControl           = FALSE;
        uartConfig.callBackFunc          =  rxCB ;
        HalUARTOpen (0, &uartConfig);
    }
```
说明：以上是任务初始化函数，进行了端点初始化和串口的初始化。
```
    UINT16 GenericApp_ProcessEvent( byte task_id, UINT16 events )
    {
        afIncomingMSGPacket_t *MSGpkt;
```

```
    if ( events & SYS_EVENT_MSG )
    {
    MSGpkt = (afIncomingMSGPacket_t *)osal_msg_receive( GenericApp_
    TaskID );
    while ( MSGpkt )
    {
      switch ( MSGpkt->hdr.event )
      {
        case AF_INCOMING_MSG_CMD:
            GenericApp_MessageMSGCB( MSGpkt );
            break;

        default:
          break;
      }
      osal_msg_deallocate( (uint8 *)MSGpkt );
      MSGpkt =
        (afIncomingMSGPacket_t *)osal_msg_receive( GenericApp_
        TaskID );
    }
    return (events ^ SYS_EVENT_MSG);
    }

    return 0;
}
```
说明：以上是任务事件处理函数，当协调器收到无线数据后，应用层会调用 GenericApp_MessageMSGCB()函数进行数据的处理工作。
```
void GenericApp_MessageMSGCB( afIncomingMSGPacket_t *pkt )
{
    switch ( pkt->clusterId )
    {
        case GENERICAPP_CLUSTERID:
            osal_memcpy(&nodeinfo[nodenum++],pkt->cmd.Data,11);
          break;
    }
}
```
说明：以上是数据处理函数，只需要将接收到的数据拷贝到 nodeinfo 数组的对应元素处即可。
```
static void rxCB(uint8 port,uint8 event)
{
    unsigned char changeline[2] = { 0x0A,0x0D};
```

```
        uint8 buf[8] ;
        uint8 uartbuf[16];
        uint8 i = 0 ;
        HalUARTRead(0,buf,8) ;
        if(osal_memcmp(buf,"topology",8))
        {
            for(i=0 ; i < 3 ; i++)
            {
                HalUARTWrite(0,nodeinfo[i].type,3);        //输出设备类型

                HalUARTWrite(0," NWK: ",6) ;
                HalUARTWrite(0,nodeinfo[i].myNWK,4);       //输出网络地址

                HalUARTWrite(0," pNWK: ",7) ;
                HalUARTWrite(0,nodeinfo[i].pNWK,4);        //输出父节点网络地址

                HalUARTWrite(0,changeline,2) ;
            }
        }
```

说明：该函数是串口回调函数，当串口缓冲区有数据时，会调用这个函数。读取串口缓冲区的数据，然后使用 osal_memcpy()函数，判断收到的数据是否是"topology"，如果是该命令，则将节点的设备信息发送到串口（笔者推荐的学习方法：结合后面的实验测试，看一下实验效果，然后慢慢理解程序代码的含义）。

将上述代码编译后，下载到开发板。

7.1.3 终端节点和路由器编程

终端节点文件布局如图 7-4 所示（注意：Workspace 下面的下拉列表框中选择的是 EndDeviceEB，并且，Coordinator.c 文件不参与编译）。

路由器文件布局如图 7-5 所示（注意：Workspace 下面的下拉列表框中选择的是 RouterEB，并且，Coordinator.c 文件不参与编译）。

由图 7-4 和图 7-5 可以看到，路由器和终端节点共用一个 Enddevice.c 文件，这是怎么实现的呢？这主要是通过代码来控制实现的。

Enddevice.c 文件内容如下：

```
#include "OSAL.h"
#include "AF.h"
#include "ZDApp.h"
#include "ZDObject.h"
#include "ZDProfile.h"
```

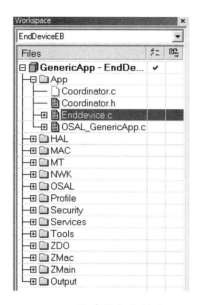

图 7-4 终端节点文件布局

图 7-5 路由器文件布局

```
#include <string.h>
#include "Coordinator.h"
#include "DebugTrace.h"

#if !defined( WIN32 )
#include "OnBoard.h"
#endif

#include "hal_lcd.h"
#include "hal_led.h"
#include "hal_key.h"
#include "hal_uart.h"
```

说明：上述包含的头文件是从 GenericApp.c 文件复制得到的，只需要用#include "Coordinator.h"将 #include "GenericApp.h"替换即可，如上述代码中加粗字体部分所示。

```
#define SEND_DATA_EVENT 0x01
```

说明：定义了一个数据发送事件。

```
const cId_t GenericApp_ClusterList[GENERICAPP_MAX_CLUSTERS] =
{
  GENERICAPP_CLUSTERID
};
```

```c
const SimpleDescriptionFormat_t GenericApp_SimpleDesc =
{
  GENERICAPP_ENDPOINT,
  GENERICAPP_PROFID,
  GENERICAPP_DEVICEID,
  GENERICAPP_DEVICE_VERSION,
  GENERICAPP_FLAGS,
  0,
  (cId_t *)NULL,
  GENERICAPP_MAX_CLUSTERS,
  (cId_t *)GenericApp_ClusterList
};


endPointDesc_t GenericApp_epDesc;
byte GenericApp_TaskID;
byte GenericApp_TransID;
devStates_t GenericApp_NwkState;

void SendInfo(void) ;                 //发送设备信息的函数
void To_string(uint8 *dest,char * src,uint8 length) ;

void GenericApp_Init( byte task_id )
{
    GenericApp_TaskID                   = task_id;
    GenericApp_NwkState                 = DEV_INIT;
    GenericApp_TransID                  = 0;
    GenericApp_epDesc.endPoint          = GENERICAPP_ENDPOINT;
    GenericApp_epDesc.task_id           = &GenericApp_TaskID;
    GenericApp_epDesc.simpleDesc        =
              (SimpleDescriptionFormat_t *)&GenericApp_
              SimpleDesc;
    GenericApp_epDesc.latencyReq        = noLatencyReqs;
    afRegister( &GenericApp_epDesc );

}
```
说明：以上是任务初始化函数。

```c
UINT16 GenericApp_ProcessEvent( byte task_id, UINT16 events )
{
```

```c
    afIncomingMSGPacket_t *MSGpkt;
    if ( events & SYS_EVENT_MSG )
    {
        MSGpkt =
            (afIncomingMSGPacket_t *)osal_msg_receive( GenericApp_
            TaskID );
        while ( MSGpkt )
        {
          switch ( MSGpkt->hdr.event )
          {

            case ZDO_STATE_CHANGE:
            GenericApp_NwkState = (devStates_t)(MSGpkt->hdr.
            status);
            if ((GenericApp_NwkState == DEV_END_DEVICE) ||
                    (GenericApp_NwkState == DEV_ROUTER))
            {
                osal_set_event(GenericApp_TaskID,SEND_DATA_EVENT);
            }
            break;
            default:
              break;
        }
            osal_msg_deallocate( (uint8 *)MSGpkt );
            MSGpkt =
            (afIncomingMSGPacket_t*)osal_msg_receive( GenericApp_
            TaskID );
        }
        return (events ^ SYS_EVENT_MSG);
    }
    if (events & SEND_DATA_EVENT)
    {
        SendInfo() ;
        return (events ^ SEND_DATA_EVENT);
    }
    return 0;
}
```

说明：上述代码是任务事件处理函数，当成功加入网络后，设置 SEND_DATA_ENENT 事件，在该事件处理函数中，调用 SendInfo()函数，向协调器发送设备信息。

```
void SendInfo(void)
{
    RFTX rftx ;
    uint16 nwk ;
    if(GenericApp_NwkState == DEV_END_DEVICE)    //判断是否是终端节点
    {
        osal_memcpy(rftx.type,"END",3) ;
    }
    if(GenericApp_NwkState == DEV_ROUTER)        //判断是否是路由器
    {
        osal_memcpy(rftx.type,"ROU",3) ;
    }
    nwk = NLME_GetShortAddr() ;
    To_string(rftx.myNWK,(uint8 *)&nwk,2) ;

    nwk = NLME_GetCoordShortAddr() ;
    To_string(rftx.pNWK,(uint8 *)&nwk,2) ;

    afAddrType_t my_DstAddr;
    my_DstAddr.addrMode = (afAddrMode_t)Addr16Bit;
    my_DstAddr.endPoint = GENERICAPP_ENDPOINT;
    my_DstAddr.addr.shortAddr = 0x0000;
    AF_DataRequest( &my_DstAddr, &GenericApp_epDesc,
                    GENERICAPP_CLUSTERID,
                    11,
                    (uint8 *)&rftx,
                    &GenericApp_TransID,
                    AF_DISCV_ROUTE,
                    AF_DEFAULT_RADIUS ) ;
}
```

说明：上述代码是填充设备信息并向协调器发送，使用了 GenericApp_NwkState 变量的值来判断设备类型，如果设备类型是终端节点，则在设备类型字段填充"END"，如果设备类型是路由器，则在设备类型字段填充"RND"。

使用 NLME_GetShortAddr() 函数获得本节点网络地址，使用 NLME_GetCoordShortAddr() 函数获得父节点网络地址，然后调用 To_string() 函数，将网络地址转换为字符串的形式存储在相应的字段中。

最后，调用数据发送函数 **AF_DataRequest()** 向协调器发送设备信息。

```
void To_string(uint8 *dest,char * src,uint8 length)
{
    uint8 *xad ;
```

```
    uint8 i = 0;
    uint8 ch;
    xad = src + length -1 ;
    for (i = 0; i < length; i++,xad--)
    {
        ch = (*xad >> 4) & 0x0F;
        dest[i<<1] = ch + (( ch < 10 ) ? '0' : '7');
        ch = *xad & 0x0F;
        dest[(i<<1) + 1] = ch + (( ch < 10 ) ? '0' : '7');
    }
}
```

说明：上述是将二进制数据转换为字符串的函数。

在 IAR 主界面，Workspace 下面的下拉列表框中选择的是 RouterEB，编译以后将代码下载到开发板 A。

在 IAR 主界面，Workspace 下面的下拉列表框中选择的是 EndDeviceEB，编译以后将代码下载到开发板 B 和开发板 C。

7.1.4　实例测试

打开协调器电源，分别打开开发板 A、B、C 的电源，然后用串口线将协调器和 PC 机连接起来，打开串口调试助手，发送 topology 命令，此时会输出网络的拓扑信息，获取网络拓扑实验测试效果图如图 7-6 所示。

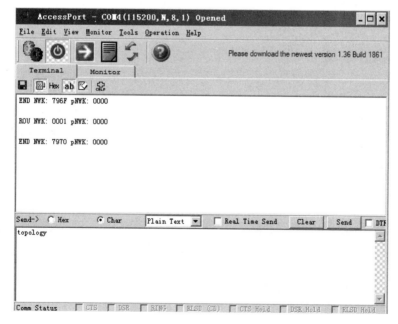

图 7-6　获取网络拓扑实验测试效果图

可见，网络中有一个路由器，网络地址为 0x0001，还有两个终端节点，网络地址分别为 0x796F、0x7970。网络拓扑图如图 7-7 所示。

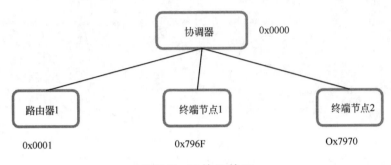

图 7-7　网络拓扑图

关闭协调器和其他三块开发板电源，移动一下三块开发板的位置，重新打开协调器电源，然后分别打开开发板 A、B、C 的电源，发送 topology 命令，此时会输出网络的拓扑信息，获取网络拓扑实验测试效果图如图 7-8 和图 7-10 所示，其对应的网络拓扑图分别如图 7-9 和图 7-11 所示。

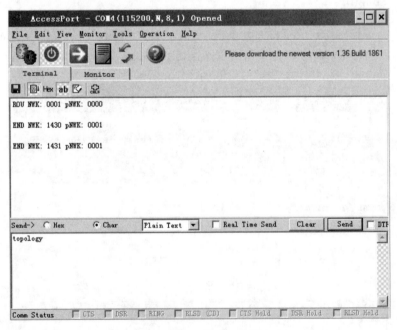

图 7-8　获取网络拓扑实验测试效果图 1

通过上面的实验可以得出如下结论：
- 协调器的网络地址是 0x0000；
- 与同一个父节点相连的终端节点的网络地址是连续的。

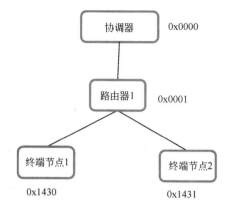

图 7-9　网络拓扑图 1

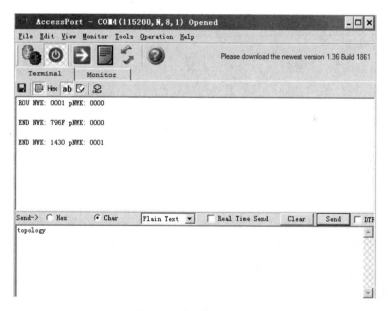

图 7-10　获取网络拓扑实验测试效果图 2

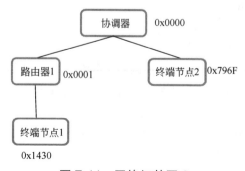

图 7-11　网络拓扑图 2

请读者回顾第 6 章（6.2 节 ZigBee 无线网络中的地址分配机制）所讲解的内容，本实验很好地验证了 ZigBee 无线网络中的地址分配的知识。

此外，在代码设计时没有考虑同一个节点两次加入网络或者多次加入网络的问题（此时网络地址会发生变化），因此代码具有一定的局限性，但是本实验只是向读者展示这种思想，读者可以适当修改以实现特定项目的需求。

7.2 ZigBee 无线传感器网络通用传输系统设计

在开发 ZigBee 无线传感器网络过程中，需要解决以下几个问题：
- 网络拓扑结构；
- 传感器数据采集；
- 网络节点能量供应问题；
- 数据传输距离。

通常情况下，网络拓扑与网络的路由算法有关；传感器数据采集问题的解决方法是将传感器操作函数（如读取温度数据函数）放在单独的文件中（如 Sensor.h 和 Sensor.c 文件），然后从应用层调用这些函数即可。

网络节点的能量是需要特别考虑的，尤其是对于电池供电的无线传感器网络节点而言，更应该将节点能量供应问题放在首位，目前较为常用的方法是使节点定时睡眠，当需要采集传感器数据时，唤醒节点，数据采集完成后，节点再进入睡眠状态，依此来降低系统功耗；此外可以考虑采用太阳能电池板给电池充电，依此来维持系统的能量供应，这部分内容将会在 7.4 节讲解。

数据传输距离与电路的匹配、天线增益、天线方向性等因素有关，这方面的内容在初学阶段可以暂时不予考虑，毕竟，只有真正组建了无线传感器网络以后，才考虑网络距离的问题，如果一开始把这个问题考虑太多，可能连基本的网络都组建不起来，其他与网络通信有关的一些问题就更无法解决了。

7.2.1 系统设计原理

典型 ZigBee 无线传感器网络示意图如图 7-12 所示。

在第 3 章中已经讲解了 ZigBee 无线网络的硬件电路，可以说仅仅对于网络通信来说，上述电路就已经足够了（当然，对于无线传感器来说，还需要各种各样的传感器电路），下面将突破上述问题的限制，讲解一个通用的数据传输系统设计实例，读者只需要将传感器数据添加到数据发送部分就可以轻松实现 ZigBee 无线传感器的组建工作。

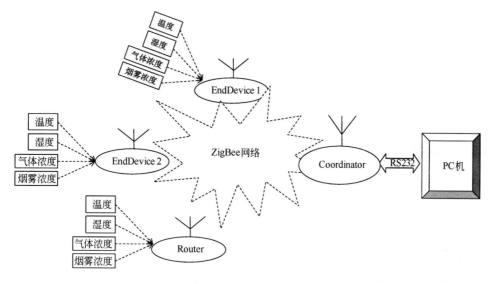

图 7-12 典型 ZigBee 无线传感器网络示意图

7.2.2 软件编程概述

一般情况下，协调器代码需要单独编写，路由器和终端节点可以使用同一个源文件，只要在编译时选择不同的编译选项即可，可以采取如下做法：要在 App 目录下建立两个文件夹：Coordinator 和 Router-End（文件名可以任取），如图 7-13 所示。

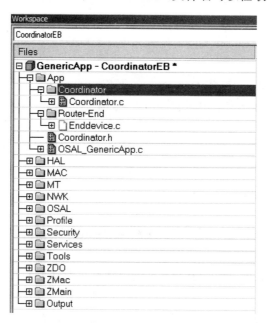

图 7-13 文件布局

其中，Coordinator 文件下包含了协调器有关的源文件和 Router-End 文件夹下包含了路由器和终端节点所需的源文件，需要注意在编译协调器代码时，将路由器和终端节点的代码排除编译，同理，在编译路由器和终端节点代码时，也需要将协调器代码排除编译。如图 7-13 所示，Workspace 窗口下拉列表框中选择的是 CoordinatorEB，这表示编译协调器代码，注意观察，此时 Enddevice.c 文件是灰白色显示的，即不参与编译。

7.2.3 协调器编程

通常情况下，协调器需要跟用户 PC 机进行交互，因此可以使用串口来实现（如果仅仅是显示数据则可以使用板子上的液晶来显示），因此协调器代码需要包含串口初始化以及串口接收数据处理部分，在任务初始化函数中，使用如下代码即可实现串口初始化。

```
1    halUARTCfg_t uartConfig;
2    uartConfig.configured           = TRUE;
3    uartConfig.baudRate             = HAL_UART_BR_115200;
4    uartConfig.flowControl          = FALSE;
5    uartConfig.callBackFunc         = rxCB ;
6    HalUARTOpen (0, &uartConfig);
```

第 1 行，定义一个串口配置结构体 halUARTCfg_t，在 ZigBee 协议栈中，对串口的初始化可以通过该配置结构体来实现。

第 2～5 行进行串口相关参数的初始化，注意第 5 行中 rxCB 是串口的回调函数（用户需要自己定义该函数），串口接收到数据后就会调用该函数，因此，这就给用户一个提示，如果想对接收到的数据进行处理，则只需要将数据处理部分的代码添加在 rxCB 中即可。

第 6 行，调用 HalUARTOpen()函数打开串口即可。

可以通过如下方式定义串口回调函数 rxCB。

```
static void rxCB(uint8 port,uint8 event)
{
    uint8 buf[8] ;             //数据缓冲区大小可以根据实际情况定义
    HalUARTRead(0,buf,8) ;
    //在此添加数据处理部分代码即可
}
```

首先定义一个数据接收缓冲区，缓冲区大小可以根据用户需求定义，然后调用 HalUARTRead()函数读取串口数据即可。

此外，协调器还需要接收路由器或者终端节点发送来的数据，当协调器收到数据后，经过一系列的处理（ZigBee 协议栈中其他层来做相应的处理），最终在应用层只需要接收 AF_INCOMING_MSG_CMD 消息即可，在任务事件处理函数部分可以使用如下代码来实现。

```
UINT16 GenericApp_ProcessEvent( byte task_id, UINT16 events )
{
    afIncomingMSGPacket_t *MSGpkt;
    if ( events & SYS_EVENT_MSG )
    {
        MSGpkt =
            (afIncomingMSGPacket_t *)osal_msg_receive( GenericApp_
            TaskID );
        while ( MSGpkt )
        {
        switch ( MSGpkt->hdr.event )
        {
            case AF_INCOMING_MSG_CMD:
                GenericApp_MessageMSGCB( MSGpkt );
            break;

            default:
            break;
        }
        osal_msg_deallocate( (uint8 *)MSGpkt );
        MSGpkt =
            (afIncomingMSGPacket_t *)osal_msg_receive( GenericApp_
            TaskID );
        }
    return (events ^ SYS_EVENT_MSG);
    }
    return 0;
}
```

接收到 AF_INCOMING_MSG_CMD 消息，则说明收到了新的数据，则调用 GenericApp_MessageMSGCB()函数，进行相应的数据处理。GenericApp_Message-MSGCB()函数实现方法如下：

```
void GenericApp_MessageMSGCB( afIncomingMSGPacket_t *pkt )
{
    switch ( pkt->clusterId )
    {
        case GENERICAPP_CLUSTERID:
            //在此调用osal_memcpy()函数得到接收的数据即可。
         break;
    }
}
```

在上述函数中，可以使用 osal_memcpy() 函数，拷贝接收到的数据即可。

7.2.4 路由器和终端节点编程

通常情况下，路由器和终端节点不需要与用户 PC 机进行交互，上电后只需要执行数据采集工作即可，需要注意的是路由器需要进行数据的路由转发，所以路由器不可以休眠，但是终端节点可以休眠。

当需要执行数据采集任务时，可以设置一个事件，在事件处理函数中实现传感器数据的采集以及数据的发送等工作。

定义一个事件的方法如下：

```
#define SEND_DATA_EVENT 0x01
```

然后就可以在任务事件处理函数中对该事件作出响应，可以使用如下代码实现：

```
if (events & SEND_DATA_EVENT)
{
    //在此添加相应的传感器数据采集、发送工作即可
    return (events ^ SEND_DATA_EVENT);
}
```

数据发送时，只需要调用数据发送函数即可，可以使用如下代码来实现（下面例子是向协调器发送单播数据为例）：

```
afAddrType_t my_DstAddr;
my_DstAddr.addrMode = (afAddrMode_t)Addr16Bit;    //发送模式
my_DstAddr.endPoint = GENERICAPP_ENDPOINT;        //目的端口号
my_DstAddr.addr.shortAddr = 0x0000;               //目的节点的网络地址
AF_DataRequest( &my_DstAddr, &GenericApp_epDesc,
            GENERICAPP_CLUSTERID,              //簇号
            11,                                //发送数据长度
            (uint8 *)buf,                      //发送数据缓冲区
            &GenericApp_TransID,               //发送序列号
            AF_DISCV_ROUTE
            AF_DEFAULT_RADIUS ) ;
```

到此为止，讨论了路由器和协调器代码的设计流程，当然利用 TI 公司的 ZigBee 协议栈完全可以实现更为复杂的功能，上述讨论仅仅是基于通用数据传输来进行的讲解，读者可以结合 ZigBee 协议栈安装文件夹下的例子进行学习，TI 官方提供的例子所在的目录为：C:\Texas Instruments\ZStack-CC2530-2.3.1-1.4.0\Projects\zstack，在该路径下可以看到很多典型工程，TI 官方提供的典型工程如图 7-14 所示。

用户可以根据具体项目需要，选择相应的工程进行修改来实现具体项目的需求。

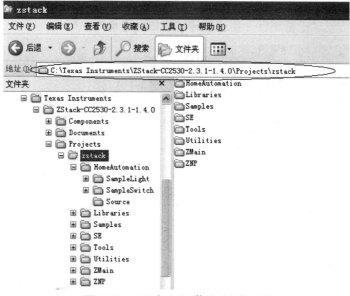

图 7-14　TI 官方提供的典型工程

7.3　ZigBee 无线传感器网络远程数据采集系统设计

上一节对通用数据传输系统进行了讨论，阐述了实现方法，下面结合一个具体的项目，讲解上述理论的使用方法，巩固上述知识点。

7.3.1　系统设计原理

系统设计原理图如图 7-15 所示。

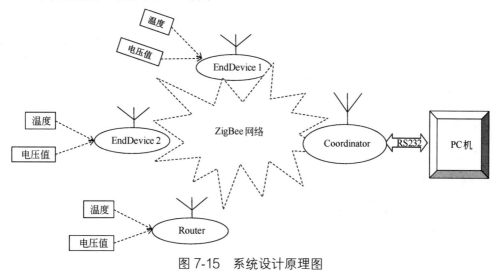

图 7-15　系统设计原理图

在本实验中，协调器建立网络，路由器和终端节点加入网络，然后周期性地采集温度和电压发送给协调器，协调器通过串口发送给 PC 机。

> **注意：** 本实验仅仅是模拟无线传感器网络中的传感器数据采集和通信过程，在具体的无线传感器网络中，传感器可能多种多样，例如压力传感器、加速度传感器、位移传感器等，但是传感器数据的采集流程都是相同的。

每个节点的数据包可以使用一个结构体来实现，其中包含了数据包的头、尾，此外还包含该节点的设备类型、节点网络地址、父节点网络地址以及所采集的传感器数据（当然，有些情况下还有包含校验信息，如 CRC 校验码等），如表 7-2 所示。

表 7-2 数据包的结构

头	设备类型	节点网络地址	父节点网络地址	传感器数据	尾
& &					&

其中，数据头使用的是两个字符"&"，数据尾采用的是一个字符"&"表示。例如，路由器采集温度时，可以使用如下方式填充数据包，如表 7-3 所示。

表 7-3 路由器采集温度时使用的数据包

头	设备类型	节点网络地址	父节点网络地址	传感器数据	尾
& &	R O U	0 0 0 1	0 0 0 0	W 2 3 *	&

设备类型是 ROU，表示节点是路由器；后面紧跟路由器的网络地址和父节点的网络地址；传感器数据字段第 1 个字符 W 表示采集温度信息，后面紧跟温度值，最后的*是填充位（因为传感器数据部分占 3 个字节，但是温度只使用了 2 个字节，所以剩下的 1 位填充*即可）。

例如，终端节点采集电压时，可以使用如下方式填充数据包，如表 7-4 所示。

表 7-4 终端节点采集电压时使用的数据包

头	设备类型	节点网络地址	父节点网络地址	传感器数据	尾
& &	E N D	7 9 6 F	0 0 0 0	V 3 . 3	&

设备类型是 END，表示节点是终端节点；后面紧跟路由器的网络地址和父节点的网络地址；传感器数据字段第 1 个字符 V 表示采集电压信息，后面紧跟电压值，因为电压值恰好占 3 个字节，所以不需要填充*字符。

7.3.2 协调器编程

协调器主要负责接收路由节点和终端节点发送来的数据，接收到数据后，通过串口输出到 PC 机即可。

首先需要在 Coordinator.h 中定义数据包的格式，Coordinator.h 文件内容如下：

```c
#ifndef COORDINATOR_H
#define COORDINATOR_H

#include "ZComDef.h"

#define GENERICAPP_ENDPOINT            10

#define GENERICAPP_PROFID              0x0F04
#define GENERICAPP_DEVICEID            0x0001
#define GENERICAPP_DEVICE_VERSION      0
#define GENERICAPP_FLAGS               0
#define GENERICAPP_MAX_CLUSTERS        1
#define GENERICAPP_CLUSTERID           1


typedef union h
{
    unsigned char databuf[18] ;
    struct RFRXBUF
    {
        unsigned char head[2] ;
        unsigned char type[3] ;
        unsigned char myNWK[4] ;
        unsigned char pNWK[4] ;
        unsigned char value[4] ;
        unsigned char tail ;
    }BUF ;
}RFTX ;
```
说明：使用上述联合体来实现数据包的数据结构，读者可以仔细体会该联合体的作用。该联合体有两个数据成员，一个是数组 databuf；另一个是结构体。
```c
extern void GenericApp_Init( byte task_id );
extern UINT16 GenericApp_ProcessEvent( byte task_id, UINT16 events );

#endif
```
Coordinator.c 文件内容如下：
```c
#include "OSAL.h"
#include "AF.h"
#include "ZDApp.h"
#include "ZDObject.h"
#include "ZDProfile.h"
```

```c
#include <string.h>
#include "Coordinator.h"
#include "DebugTrace.h"

#if !defined( WIN32 )
#include "OnBoard.h"
#endif

#include "hal_lcd.h"
#include "hal_led.h"
#include "hal_key.h"
#include "hal_uart.h"
#include "OSAL_Nv.h"
#include "aps_groups.h"


#define SEND_TO_ALL_EVENT     0x01

const cId_t GenericApp_ClusterList[GENERICAPP_MAX_CLUSTERS] =
{
  GENERICAPP_CLUSTERID
};

const SimpleDescriptionFormat_t GenericApp_SimpleDesc =
{
  GENERICAPP_ENDPOINT,
  GENERICAPP_PROFID,
  GENERICAPP_DEVICEID,
  GENERICAPP_DEVICE_VERSION,
  GENERICAPP_FLAGS,
  GENERICAPP_MAX_CLUSTERS,
  (cId_t *)GenericApp_ClusterList,
  0,
  (cId_t *)NULL
};


endPointDesc_t GenericApp_epDesc;
devStates_t GenericApp_NwkState;
byte GenericApp_TaskID;
byte GenericApp_TransID;

void GenericApp_MessageMSGCB( afIncomingMSGPacket_t *pckt );
```

```
void GenericApp_SendTheMessage( void );
static void rxCB(uint8 port,uint8 event) ;


void GenericApp_Init( byte task_id )
{
    halUARTCfg_t uartConfig;
    GenericApp_TaskID                = task_id;
    GenericApp_TransID               = 0;
    GenericApp_epDesc.endPoint       = GENERICAPP_ENDPOINT;
    GenericApp_epDesc.task_id        = &GenericApp_TaskID;
    GenericApp_epDesc.simpleDesc     =
              (SimpleDescriptionFormat_t *)&GenericApp_
              SimpleDesc;
    GenericApp_epDesc.latencyReq     = noLatencyReqs;
    afRegister( &GenericApp_epDesc );
    uartConfig.configured            = TRUE;
    uartConfig.baudRate              = HAL_UART_BR_115200;
    uartConfig.flowControl           = FALSE;
    uartConfig.callBackFunc          = NULL ;
    HalUARTOpen (0, &uartConfig);
}
```

说明：以上是任务初始化部分代码，主要实现了端口初始化和串口的初始化。

```
UINT16 GenericApp_ProcessEvent( byte task_id, UINT16 events )
{
    afIncomingMSGPacket_t *MSGpkt;
    if ( events & SYS_EVENT_MSG )
    {
    MSGpkt = (afIncomingMSGPacket_t *)osal_msg_receive( GenericApp_
    TaskID );
    while ( MSGpkt )
    {
      switch ( MSGpkt->hdr.event )
      {
        case AF_INCOMING_MSG_CMD:
            GenericApp_MessageMSGCB( MSGpkt );
            break;

        default:
          break;
      }
```

```
        osal_msg_deallocate( (uint8 *)MSGpkt );
        MSGpkt =
           (afIncomingMSGPacket_t *)osal_msg_receive( GenericApp_
           TaskID );
      }
      return (events ^ SYS_EVENT_MSG);
      }

      return 0;
    }
```

说明：以上是任务事件处理函数，协调器收到终端节点和路由器发送来的数据后，调用 GenericApp_MessageMSGCB() 函数，在该函数中，对接收到的数据进行处理显示即可。

```
    void GenericApp_MessageMSGCB( afIncomingMSGPacket_t *pkt )
    {
      RFTX rftx ;
      unsigned char changeline[2] = {0x0A,0x0D}; //回车换行符的ASICC码
      switch ( pkt->clusterId )
      {
        case GENERICAPP_CLUSTERID:
            osal_memcpy(&rftx,pkt->cmd.Data,sizeof(rftx));
            HalUARTWrite(0,rftx.databuf,sizeof(rftx)) ;
            HalUARTWrite(0,changeline,2) ;        //输出回车换行符
          break;
      }
    }
```

说明：在以上函数中，将接收到的数据通过串口发送给 PC 机即可。

7.3.3 终端节点和路由器编程

终端节点和路由器使用同一个文件即可，通过选择不同的编译选项来生成不同的代码。

Sensor.h 文件内容如下：

```
#ifndef SENSOR_H
#define SENSOR_H
#include <hal_types.h>

extern int8 readTemp(void) ;
extern unsigned int getVddvalue(void) ;

#endif
```

说明：该文件主要声明了温度读取函数 readTemp 和电压检测函数 getVddvalue。
Sensor.c 文件内容如下：

```c
#include "Sensor.h"
#include <ioCC2530.h>

#define ADC_REF_115V      0x00
#define ADC_DEC_256       0x20
#define ADC_CHN_TEMP      0x0e
#define ADC_DEC_064       0x00
#define ADC_CHN_VDD3      0x0f

int8 readTemp(void)
{
    static uint16 reference_voltage ;
    static uint8 bCalibrate = TRUE ;
    unsigned char tmpADCCON3 = ADCCON3;
    uint16 value ;
    int8 temp ;

    ATEST = 0x01;
    TR0  |= 0x01;
    ADCIF = 0 ;
    ADCCON3 = (ADC_REF_115V | ADC_DEC_256 | ADC_CHN_TEMP) ;
    while ( !ADCIF ) ;
    ADCIF = 0 ;
    value = ADCL ;
    value |= ((uint16) ADCH) << 8 ;
    value >>= 4 ;
    ADCCON3 = tmpADCCON3;
    if(bCalibrate)
    {
        reference_voltage=value ;
        bCalibrate=FALSE ;
    }
    temp = 22 + ( (value - reference_voltage) / 4 ) ;
    return temp;
}
```

说明：以上是温度检测函数，使用 CC2530 单片机内部自带的温度传感器进行温度检测（注意，在此没有对温度进行校准）。

```c
unsigned int getVddvalue(void)
{
```

```
    unsigned int value;
    unsigned char tmpADCCON3 = ADCCON3;

    ADCIF = 0 ;
    ADCCON3 = (ADC_REF_115V | ADC_DEC_064 | ADC_CHN_VDD3);
    while ( !ADCIF );

    value = ADCH;
    ADCCON3 = tmpADCCON3;
    return ( value );
}
```

说明：以上是电压检测函数，使用内部 ADC 对电压进行检测，在 CC2530 单片机中，VDD/3 作为一个 ADC 输入通道，因此可以对该通道进行检测，得到 VDD/3 的值，然后将该值乘以 3 就可以得到 VDD 的值。

使用 ADC 时，选择的参考电压源是内部参考电压，注意，CC2530 单片机内部参考电压为 1.15V，采用分辨率为 7 位，假设读取到的 ADC 转换值为 adcvalue，则 VDD 的计算过程如下：

$$\frac{VDD}{3} = adcvalue \times \frac{1.15V}{2^7}$$

由此可以得到：

$$VDD = adcvalue \times \frac{3 \times 1.15V}{2^7}$$

$$= adcvalue \times \frac{3.45V}{2^7}$$

但是，对于单片机而言，计算浮点数乘法较慢，因此可以考虑将 VDD 放大 10 倍，这样就可以将浮点数运算转化为整数的运算，提供运算速度。

$$10 \times VDD = 10 \times adcvalue \times \frac{3 \times 1.15V}{2^7}$$

$$= adcvalue \times \frac{34.5V}{2^7}$$

$$= adcvalue \times \frac{69V}{2^8}$$

$$= \frac{adcvalue \times 69V}{256}$$

以上推倒过程，读者可以参考自己项目进行修改。

Enddevice.c 文件内容如下：
```
#include "OSAL.h"
#include "AF.h"
#include "ZDApp.h"
```

```c
#include "ZDObject.h"
#include "ZDProfile.h"
#include <string.h>
#include "Coordinator.h"
#include "DebugTrace.h"

#if !defined( WIN32 )
#include "OnBoard.h"
#endif

#include "hal_lcd.h"
#include "hal_led.h"
#include "hal_key.h"
#include "hal_uart.h"

#include "Sensor.h"

#define SEND_DATA_EVENT 0x01

const cId_t GenericApp_ClusterList[GENERICAPP_MAX_CLUSTERS] =
{
  GENERICAPP_CLUSTERID
};

const SimpleDescriptionFormat_t GenericApp_SimpleDesc =
{
  GENERICAPP_ENDPOINT,
  GENERICAPP_PROFID,
  GENERICAPP_DEVICEID,
  GENERICAPP_DEVICE_VERSION,
  GENERICAPP_FLAGS,
  0,
  (cId_t *)NULL,
  GENERICAPP_MAX_CLUSTERS,
  (cId_t *)GenericApp_ClusterList
};

endPointDesc_t GenericApp_epDesc;
byte GenericApp_TaskID;
byte GenericApp_TransID;
```

```c
devStates_t GenericApp_NwkState;

void SendInfo(void) ;
void To_string(uint8 *dest,char * src,uint8 length) ;
void sendVdd(void);
void sendTemp(void) ;

void GenericApp_Init( byte task_id )
{
    GenericApp_TaskID                  = task_id;
    GenericApp_NwkState                = DEV_INIT;
    GenericApp_TransID                 = 0;
    GenericApp_epDesc.endPoint         = GENERICAPP_ENDPOINT;
    GenericApp_epDesc.task_id          = &GenericApp_TaskID;
    GenericApp_epDesc.simpleDesc       =
    (SimpleDescriptionFormat_t *)&GenericApp_SimpleDesc;
    GenericApp_epDesc.latencyReq       = noLatencyReqs;
    afRegister( &GenericApp_epDesc );
}
```

说明：以上是任务初始化函数，完成对端口的初始化工作。

```c
UINT16 GenericApp_ProcessEvent( byte task_id, UINT16 events )
{
    afIncomingMSGPacket_t *MSGpkt;
    if ( events & SYS_EVENT_MSG )
    {
        MSGpkt =
            (afIncomingMSGPacket_t *)osal_msg_receive( GenericApp_
              TaskID );
        while ( MSGpkt )
        {
          switch ( MSGpkt->hdr.event )
           {

            case ZDO_STATE_CHANGE:
            GenericApp_NwkState = (devStates_t)(MSGpkt->hdr.
            status);
                if ((GenericApp_NwkState == DEV_END_DEVICE)
                   || (GenericApp_NwkState == DEV_ROUTER))
                {
                    osal_set_event(GenericApp_TaskID,SEND_DATA_EVENT) ;
                }
```

```
                break;
            default:
                break;
        }
        osal_msg_deallocate( (uint8 *)MSGpkt );
        MSGpkt =
            (afIncomingMSGPacket_t *)osal_msg_receive
            ( GenericApp_TaskID );
    }
    return (events ^ SYS_EVENT_MSG);
}
if (events & SEND_DATA_EVENT)
{
    sendTemp() ;
    sendVdd() ;
    osal_start_timerEx(GenericApp_TaskID,SEND_DATA_EVENT,5000);
    return (events ^ SEND_DATA_EVENT);
}
return 0;
}
```

说明：以上是任务事件处理函数，主要完成对网络状态变化事件 ZDO_STATE_CHANGE 和数据发送事件 SEND_DATA_EVENT 的处理。

```
void sendTemp(void)
{
    RFTX rftx ;
    uint16 tempvalue ;
    uint16 nwk ;
    tempvalue = readTemp() ;
    rftx.BUF.value[0] = 'W' ;              //表示温度数据
    rftx.BUF.value[1] = tempvalue / 10 + '0' ;
    rftx.BUF.value[2] = tempvalue % 10 + '0' ;
    rftx.BUF.value[3] = '*' ;
    osal_memcpy(rftx.BUF.head,"&&",2) ;
    if(GenericApp_NwkState == DEV_ROUTER)
    {
        osal_memcpy(rftx.BUF.type,"ROU",3) ;
    }
    if(GenericApp_NwkState == DEV_END_DEVICE)
    {
        osal_memcpy(rftx.BUF.type,"END",3) ;
    }
    nwk = NLME_GetShortAddr() ;
```

```
        To_string(rftx.BUF.myNWK,(uint8 *)&nwk,2) ;

        nwk = NLME_GetCoordShortAddr() ;
        To_string(rftx.BUF.pNWK,(uint8 *)&nwk,2) ;

        rftx.BUF.tail = '&' ;

        afAddrType_t my_DstAddr;
        my_DstAddr.addrMode = (afAddrMode_t)Addr16Bit;
        my_DstAddr.endPoint = GENERICAPP_ENDPOINT;
        my_DstAddr.addr.shortAddr = 0x0000;
        AF_DataRequest( &my_DstAddr, &GenericApp_epDesc,
                        GENERICAPP_CLUSTERID,
                        18,
                        (uint8 *)&rftx,
                        &GenericApp_TransID,
                        AF_DISCV_ROUTE,
                          AF_DEFAULT_RADIUS ) ;
}
```

说明：以上是温度检测函数，调用 readTemp()函数，读取温度传感器数据，然后将网络地址、父节点网络地址以及数据头和数据尾等信息填充到 rftx 相应的数据域即可。

最后调用数据发送函数 AF_DataRequest()实现数据的发送。

```
void sendVdd(void)
{
    RFTX rftx ;
    uint16 vddvalue ;
    uint16 nwk ;

    vddvalue = 69 * getVddvalue() / 256 ;
    rftx.BUF.value[0] = 'V' ;                    //表示温度数据
    rftx.BUF.value[1] = vddvalue / 10 + '0' ;
    rftx.BUF.value[2] = '.' ;
    rftx.BUF.value[3] = vddvalue % 10 + '0' ;

    if(GenericApp_NwkState == DEV_ROUTER)
    {
        osal_memcpy(rftx.BUF.type,"ROU",3) ;
    }
    if(GenericApp_NwkState == DEV_END_DEVICE)
    {
        osal_memcpy(rftx.BUF.type,"END",3) ;
```

```
    }
    nwk = NLME_GetShortAddr() ;
    To_string(rftx.BUF.myNWK,(uint8 *)&nwk,2) ;

    nwk = NLME_GetCoordShortAddr() ;
    To_string(rftx.BUF.pNWK,(uint8 *)&nwk,2) ;

    rftx.BUF.tail = '&' ;

    afAddrType_t my_DstAddr;
    my_DstAddr.addrMode = (afAddrMode_t)Addr16Bit;
    my_DstAddr.endPoint = GENERICAPP_ENDPOINT;
    my_DstAddr.addr.shortAddr = 0x0000;
    AF_DataRequest( &my_DstAddr, &GenericApp_epDesc,
                    GENERICAPP_CLUSTERID,
                    18,
                    (uint8 *)&rftx,
                    &GenericApp_TransID,
                    AF_DISCV_ROUTE,
                       AF_DEFAULT_RADIUS ) ;
}
```

说明：以上是电压检测函数，调用 getVddvalue()函数，读取电压数据，然后将网络地址、父节点网络地址以及数据头和数据尾等信息填充到 rftx 相应的数据域即可。最后调用数据发送函数 AF_DataRequest()实现数据的发送。

注意： 读取的电压数据是实际电压的 10 倍（读者可以参考前文的分析），所以，在此需要将其个位、十位分别计算出来，将其填充到 rftx 的电压数据域部分。

```
void To_string(uint8 *dest,char * src,uint8 length)
{
    uint8 *xad ;
    uint8 i = 0;
    uint8 ch;
    xad = src + length -1 ;
    for (i = 0; i < length; i++,xad--)
    {
        ch = (*xad >> 4) & 0x0F;
        dest[i<<1] = ch + (( ch < 10 ) ? '0' : '7');
        ch = *xad & 0x0F;
        dest[(i<<1) + 1] = ch + (( ch < 10 ) ? '0' : '7');
    }
}
```

说明：以上函数的功能是将二进制数据转化为十六进制显示，主要是为了便于显示。

7.3.4 实例测试

将协调器代码编译下载到开发板 A，然后将路由器代码编译下载到开发板 B，最后将终端节点代码编译下载到开发板 C、D。

打开协调器电源，分别打开路由器和终端节点的电源，然后用串口线将协调器和 PC 机连接起来，打开串口调试助手，此时会得到相应的数据信息，远程数据采集实验测试如图 7-16 所示。

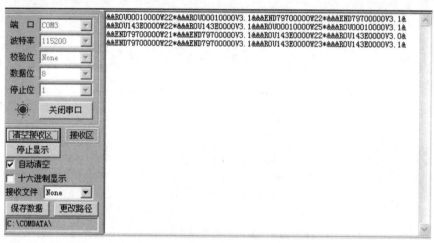

图 7-16 远程数据采集实验测试 1

注意： 在进行上述测试时，开发板使用的供电方式是电池供电，因此检测到的 VDD 是 3.1V，这说明，电池电压有了一定程度的下降。

下面使用直流电源供电，远程数据采集实验测试如图 7-17 所示。

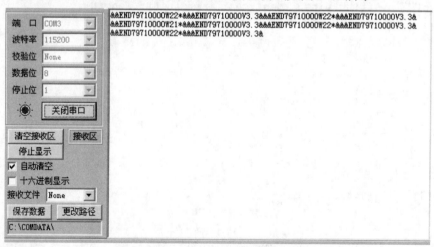

图 7-17 远程数据采集实验测试 2

7.4 太阳能供电的 ZigBee 无线传感器网络节点设计

电源是嵌入式系统的重要组成部分，特别是对于野外布置的无线传感器网络节点来说，供电线路的铺设难度较大，采用电池供电时需要定期更换电池，在一定程度上增加了系统维护的成本。太阳能供电系统不仅解决了野外长时间无人监护的网络节点的供电问题，而且还具有供电持久、环保节能和便于维护等优点，具有良好的应用推广前景。

7.4.1 系统设计所面临的问题

太阳能供电系统设计的关键问题是通过太阳能电池板对锂电池进行充电，同时需要实时检测充电电压和充电电流，避免因过充而导致锂电池永久性损坏；此外还需要设计锂电池放电保护电路，对放电电压进行实时监测，防止过放电导致锂电池损坏。

充电管理电路连接着太阳能电池板和锂电池，主要功能是将收集到的能量有效地存储在锂电池中，同时提供对锂电池充电过程中的过压、过流保护，防止因过充对锂电池造成的损害。如：上海的韵电子有限公司的 CN3063 芯片可以用于太阳能电池供电的单节锂电池充电管理芯片。该芯片内部的 8 位模拟-数字转换电路，能够根据输入电压源的电流输出能力自动调整充电电流，用户不需要考虑最坏情况，可最大限度地利用输入电压源的电流输出能力，非常适合利用太阳能电池等电流输出能力有限的电压源供电的锂电池充电应用。

7.4.2 系统构架分析

太阳能供电系统主要由太阳能电池板、可充电锂电池、充电控制器和放电保护电路组成。由于太阳能电池板的输出电压不稳定，传统的太阳能供电系统往往因为锂电池充放电管理不合理，导致锂电池使用寿命大大缩短。本文提出一种基于太阳能的 ZigBee 无线传感器网络节点供电系统设计。该系统能够自动管理锂电池的充电过程并进行有效的能量储存，通过对电池电压的监测避免锂电池过度放电，以达到延长锂电池寿命的目的。此外由于 ZigBee 无线传感器网络节点所需电压为 3.3V，而锂电池的工作电压一般为 3.6～4.2V（正常放电电压为 3.7V，充满电时的电压为 4.2V），所以，需要 DC-DC 转换芯片产生所需要的工作电压。

对于 ZigBee 无线传感器网络节点而言，首先要考虑的是低功耗。TI 公司推出的完全兼容 ZigBee 2007 协议的 SoC 芯片 CC2530 的典型工作电压为 3.3V。综合考虑上述因素，太阳能供电系统总体示意图如图 7-18 所示。

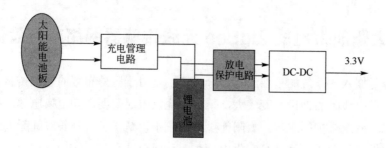

图 7-18　太阳能供电系统总体示意图

该系统中，太阳能电池板产生的能量通过充电管理电路被存储在锂电池中，同时提供对锂电池充电保护，防止过充；由于电池放电时其端电压会逐渐降低，因此，需要放电保护电路对放电电压进行检测，当电池电压下降到一定程度时，切断放电电路，避免锂电池过放电。由于电源单元本身应尽可能少地消耗电池能量，必须提高电源的转换效率，因此设计了一个具有高效率的 DC-DC 转换电路为节点上的负载提供稳定的电压。

太阳能发电系统各个单元电路的设计主要采用集成 IC 外加少量阻容器件的形式实现。

系统设计的思路是：首先估算系统总功耗，然后选择合适的锂电池，进而根据锂电池的容量来选择所需的太阳能电池板，根据太阳能电池板和锂电池的充电电压、充电电流等参数，可以选择合适的充电管理 IC 来设计充电控制电路，最后根据锂电池输出电压和 ZigBee 无线传感器网络节点所需的工作电压来设计合适的 DC-DC 变换电路。

7.5　本章小结

本章对 ZigBee 无线传感器网络开发进行了浅显的讲解，尽量使读者熟悉开发的流程，需要说明的是，本章代码设计方面主要是考虑了初学者的易读性，在实际项目开发过程中，读者需要结合自身项目情况进行适当的修改。

7.6　扩展阅读之天线基本理论

天线是无线通信系统中的重要元件，广泛应用于无线电通信、广播、电视、雷达、导航、电子对抗、遥感、射电天文等工程。天线性能的好坏直接关系到整个系统的性能。天线是发射和接收无线电波的元件。发射天线的任务是将高频电流或导行电磁波转变为空间中传播的无线电波，而接收天线则是将空间中传播的无线电波转变为高频电流或者导行电磁波。天线主要起着在高频电流或导行电磁波和空间传播的无线电波之间的换能作用。天线设计的准则就是使上述的换能效果得到最优。对天线性能的描述主要有：天线的增益、天线的方向图、天线的带宽、天线的波瓣宽度等。

天线也是无线传感器网中的一个关键的元件，其作用是辐射和接收无线电波。基于无线传感器的特殊应用环境，无线传感器天线也有其自己独特的特点。由于无线传感器网络节点很小，要求无线传感器的天线尽可能要小型化；基于无线传感器低能耗的特点，要求天线具有较高的效率；而一般的无线传感器网络节点众多，天线的低成本也是要考虑的一个重要问题；针对无线传感器网络的应用也对天线的方向图提出了更高的要求。应用到无线传感器网络中的天线主要有平面倒 F 天线（PIFA）、微带天线以及单极子天线等。下面以最常见的一种平面倒 F 天线为例说明天线的性能。

TI 官方天线设计参考中给出的倒 F 天线如图 7-19 所示，倒 F 天线尺寸参数如表 7-5 所示。

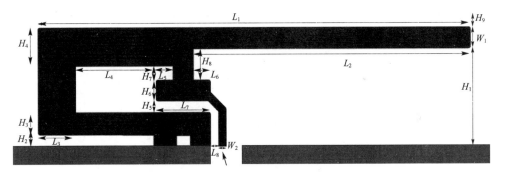

图 7-19 倒 F 天线

表 7-5 倒 F 天线尺寸参数

H_1	5.70 mm	H_8	1.80 mm	L_4	4.80 mm
H_2	0.74 mm	H_9	0.61 mm	L_5	1.00 mm
H_3	1.29 mm	W_1	1.21 mm	L_6	1.00 mm
H_4	2.21 mm	W_2	0.46 mm	L_7	3.20 mm
H_5	0.66 mm	L_1	25.58 mm	L_8	0.45 mm
H_6	1.21 mm	L_2	16.40 mm		
H_7	0.80 mm	L_3	2.18 mm		

在三维电磁场仿真软件 CST 中建立倒 F 天线仿真模型如图 7-20 所示。

倒 F 天线 S11 参数如图 7-21 所示，可以看出该天线的–10dB 带宽为 2.10～2.70GHz，覆盖了无线传感器网工作频段 2.45GHz。

倒 F 天线三维方向图如图 7-22 所示，可以看出平面倒 F 天线有较宽的辐射方向图。

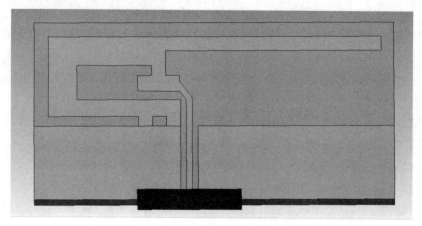

图 7-20 倒 F 天线仿真模型

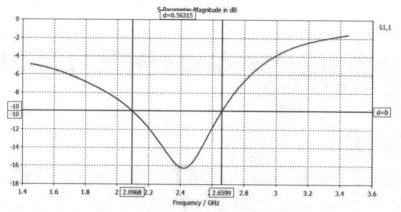

图 7-21 倒 F 天线 S11 参数

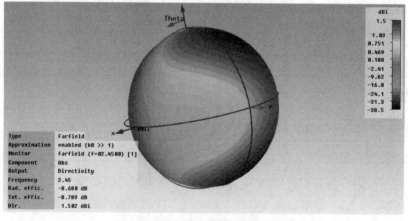

图 7-22 倒 F 天线三维方向图

对天线感兴趣的读者可以参考天线相关的专业资料。

参 考 文 献

[1] 谭浩强．C 语言程序设计［M］．北京：清华大学出版社，2006．
[2] 俞甲子，石凡，潘爱民．程序员的自我修养［M］．北京：电子工业出版社，2009．
[3] Randal E.Bryant David R.O'Hallaron．深入理解计算机系统［M］．龚奕利，雷迎春译．北京：机械工业出版社，2010．
[4] 孟海滨，张红雨．嵌入式系统电源芯片选型与应用[J]．单片机与嵌入式系统应用，2010，12．
[5] Texas Instruments.CC2530 Datasheet[EB/OL].2009[2010-05-03].http://www.ti.com.cn/Product/cn/cc2530#technicaldocuments.
[6] 李文仲，段朝玉等．ZigBee 无线网络技术入门与实战[M]．北京：北京航空航天大学出版社，2007．
[7] Using the ADC to Measure Supply Voltage[EB/OL].http://focus.ti.com/lit/an/-swra100a/swra100a.pdf.
[8] Z-Stack Developer's Guide[EB/OL].http://olmicrowaves.com/menucontents/designsupport/zigbee/Z-Stack%20Developer's%20Guide%20_F8W-2006-0022_.pdf.
[9] CC2530 Development Kit User's Guide[EB/OL].http://www.ti.com/lit/ug/swru208b/swru208b.pdf.
[10] 蒋挺，赵成林．ZigBee 紫峰技术及其应用[M]．北京：北京邮电大学出版社，2006．
[11] ZigBee Specification 2007[OL].http://www.zigbee.org/standards/Downloads.aspx.
[12] 罗蕾．嵌入式实时操作系统及其应用开发[M]．北京：北京航空航天大学出版社，2005．
[13] 上海如韵电子有限公司．CN3063 数据手册．pdf.http://www.unitekcomp.com.
[14] 上海如韵电子有限公司．CN301 数据手册．pdf.http://www.unitekcomp.com.